无刷直流电机控制系统

(第二版)

夏长亮 著

科 学 出 版 社

北 京

内 容 简 介

本书内容主要涵盖无刷直流电机原理分析及其控制系统的设计与应用，并对无刷直流电机变流控制、转矩控制和无位置传感器控制等关键技术进行详细论述。全书力求贯彻理论与实际相结合的原则，既阐明基本概念和基本原理，又给出无刷直流电机控制系统设计与分析的具体过程，同时力求反映无刷直流电机控制系统的新技术、新成就和实际应用动态。为广大无刷直流电机研究者提供一本技术全面、内容新颖的综合科技读物，推动无刷直流电机控制技术的发展是本书出版的目的。

本书可供从事无刷直流电机控制系统设计与开发的相关人员参考，既适合作为具有电机学、自动控制、电机控制等基础知识的高等学校本科生、研究生的参考资料，也可作为相关工程技术人员的参考用书。

图书在版编目（CIP）数据

无刷直流电机控制系统／夏长亮著. —2 版. —北京：科学出版社，
2023.3

ISBN 978-7-03-072116-7

Ⅰ. ①无…　Ⅱ. ①夏…　Ⅲ. ①无刷电机-直流电机-控制系统
Ⅳ. ①TM345

中国版本图书馆 CIP 数据核字（2022）第 064375 号

责任编辑：魏英杰／责任校对：崔向琳
责任印制：吴兆东／封面设计：陈　敬

科学出版社 出版

北京东黄城根北街 16 号
邮政编码：100717
http://www.sciencep.com

天津市新科印刷有限公司印刷

科学出版社发行　各地新华书店经销

*

2023 年 3 月第　一　版　开本：720 × 1000　B5
2024 年 1 月第二次印刷　印张：13 1/4
字数：268 000

定价：108.00 元

（如有印装质量问题，我社负责调换）

前　　言

　　无刷直流电机控制系统是集电机学、电力电子技术、控制理论和计算机技术等现代科学技术于一身的机电一体化系统。无刷直流电机在保持传统直流电机调速性能的基础上克服了原来机械换向和电刷引起的一系列问题，在现代社会的各个领域均有较好的应用。新型稀土永磁材料的开发和利用使无刷直流电机具有更加广阔的应用前景。

　　全书共分六章，第 1 章介绍无刷直流电机的发展历程、研究现状和发展趋势。第 2 章阐述无刷直流电机的结构特点和驱动方式，并对无刷直流电机的数学模型、机械特性、调节特性进行系统地分析和研究。第 3 章重点分析无刷直流电机变流控制系统，从整流级、逆变级，以及直流环节中的新型拓扑结构入手，基于不同变流器拓扑设计无刷直流电机变流控制策略。第 4 章介绍无刷直流电机控制系统中的一个重要研究方向——转矩波动分析与抑制，阐明正常导通阶段和换相阶段转矩波动产生的机理，研究电动状态和制动状态下无刷直流电机转矩波动抑制方法。第 5 章研究无刷直流电机控制系统的另一个热点——无位置传感器控制，在静止、起动与正常运行阶段，分别设计多种无位置传感器控制方法。第 6 章介绍无刷直流电机控制系统的设计与实现方法，在硬件实现方面介绍新型碳化硅功率器件在无刷直流电机控制系统中的应用，在软件实现方面介绍新型微处理器的实践应用，并对无刷直流电机的典型应用进行介绍。

　　《无刷直流电机控制系统》于 2008 年出版以来，得到广大读者的支持和鼓励，获得了广泛的引用和推荐。以原版为基础，无刷直流电机控制系统(第二版)凝练了作者在无刷直流电机控制领域所取得的最新研究成果，新增了不同拓扑结构驱动的无刷直流电机变流控制技术、电动状态和制动状态下无刷直流电机转矩控制技术、全速域内无刷直流电机无位置传感器控制技术，以及基于新型碳化硅功率器件和多处理器协同工作的无刷直流电机控制系统设计与实现。

　　本书是作者在无刷直流电机控制领域二十多年研究工作的基础上完成的一部学术著作，是作者主持的国家自然科学基金重大项目(51690180)等多个国家级和省部级科研项目的成果汇总，其中包括作者所指导的多名博士研究生和硕士研究生的研究工作。

　　史婷娜教授、陈炜教授、李新旻博士、曹彦飞博士、林治臣博士参与了本书第二版部分章节的编写工作，在此表示感谢。本书的完成离不开前人所做的贡献，在此对本书所参考的有关书籍、期刊、标准和专利等内容的作者一并表示感谢。

　　限于作者水平，书中难免存在不妥之处，恳请广大读者不吝指正。

作　者
2022 年 3 月

目　　录

第1章 绪 论

目前，国内外对无刷直流电机(brushless DC motor，BLDCM)的定义一般存在两种观点。一种观点认为，具有梯形波反电动势的无刷电机称为无刷直流电机，而具有正弦波反电动势的无刷电机称为永磁同步电机(permanent magnet synchronous motor，PMSM)[1,2]。另一种观点认为，具有梯形波反电动势的无刷电机和具有正弦波反电动势的无刷电机均可称为无刷直流电机[3]。在 ANSI/IEEE(American National Standards Institute/Institute of Electrical and Electronics Engineers，美国国家标准学会/电气与电子工程师协会)100-1984 中只定义了无刷旋转电机(brushless rotary machinery)[4]，NEMA(National Electrical Manufactures Association，美国电气制造商协会)标准 MG7-1987 将无刷直流电机定义为，一种转子由永磁体励磁，根据转子位置信号实现电子换相控制的自同步旋转电机[5]。目前，对无刷直流电机的定义还没有形成共识。本书将反电动势为梯形波，通过控制器控制各相绕组进行电子换相的自同步旋转电机称为无刷直流电机，并在此基础上对无刷直流电机的基础理论和关键技术展开论述。本章将分别论述无刷直流电机的发展历史、应用场合、研究现状及相关技术的发展趋势。

1.1 无刷直流电机发展历程

无刷直流电机是在有刷直流电机基础上发展起来的。1831 年，法拉第发现电磁感应现象，从此奠定了现代电机的理论基础。19 世纪 40 年代，第一台直流电机研制成功。受电力电子器件和永磁体材料等发展的限制，无刷直流电机在一个多世纪后才面世。1915 年，美国人 Langmuir 发明控制栅极的水银整流器，并制成直流变交流的逆变装置。针对传统直流电机的弊病，20 世纪 30 年代，一些学者开始研制采用电子换相的无刷直流电机，为无刷直流电机的诞生提供了条件。由于当时的大功率电子器件还处于初级发展阶段，没能找到理想的电子换相器件，这种可靠性差、效率低下的电机只能停留在实验室阶段，无法推广使用。无刷直流电机的原型出现在 1955 年 Harrison 和 Rye 公开的专利文件中。该专利以晶体管换相电路替代电刷和机械换向器。由于晶体管是半控元件，因此需要在电机信号绕组中感生出周期性的电动势才能使功率绕组轮流导通，但是转子静止时，信号绕组上并没有感生电动势，所以早期的无刷直流电机没有起动转矩[6]。20 世纪

60 年代进入了集成电路的快速发展阶段,霍尔半导体及其调理电路被突破性地集成在一块芯片上。这一技术革新直接推动了无刷直流电机的真正诞生,Wilson 等在 1962 年发表的文献中首次对无刷直流电机进行了介绍[7]。20 世纪 70 年代,以金属-氧化物半导体场效晶体管(metal-oxide-semiconductor field-effect transistor,MOSFET)、绝缘栅双极型晶体管(insulated gate bipolar transistor,IGBT)为代表的全控型电力电子器件得到推广,以钐钴、钕铁硼为代表的永磁材料相继被发现,无刷直流电机又迎来新一轮快速发展的机遇。在 1978 年的 Hannover 贸易展览会上,Mannesmann 集团的 Indramat 分部正式推出无刷直流电机及其驱动器。这标志着无刷直流电机进入实际的工业应用。

电机系统广泛应用于工业生产和日常生活,是电力能源的最大消耗终端,研发并推广应用高能效电机系统是实现“碳达峰、碳中和”战略目标的重要途径[8]。据统计,截至 2015 年,我国电机的保有量约为 24 亿千瓦,年耗电量达到 3.5 亿千瓦时,约占全社会总用电量的 65%,其中工业领域电机用电量约占工业总用电量的 74%。2021 年,工信部、市场监管总局发布《电机能效提升计划(2021—2023 年)》,针对工业绿色高质量发展的需求,确立了“以电机系统生产制造、技术创新、推广应用和产业服务为重点方向,积极实施节能改造升级和能量系统优化,不断提升电机系统能效,支撑重点行业和领域节能提效,助力实现碳达峰碳中和目标”的指导思想,并针对高效节能电机制定“扩大绿色供给,拓展产业链,加快推广应用,推进智能化、数字化提升”的重点任务[9]。提升电机系统能效的主要途径包括电机本体的优化设计和电机系统的变频改造两个方面[10]。在电机本体设计方面,稀土永磁电机不需要电励磁环节,相比传统的感应电机耗能更低,是一种典型的电机能效提升方案。此外,我国丰富的稀土资源也为稀土永磁电机的发展奠定了良好的基础。在电机系统变频改造方面,典型的方案是依托快速发展的电力电子技术和计算机控制技术,采用变频调速替代传统的调压调速和机械减速方式,利用高性能变频器及其控制算法提高电机能效。

作为典型的稀土永磁电机,无刷直流电机采用电力电子变流器实现变频调速,兼具结构紧凑简单、运行稳定可靠、维护成本低、效率高、转速-转矩性能优良等优点[11-14],广泛应用于交通运输、智能制造等领域。在推动装备制造业向高端化和智能化快速发展、降低电机系统能耗方面,无刷直流电机展现出良好的应用潜力。

1.2　无刷直流电机应用场合

随着无刷直流电机理论研究的不断深入和关键技术的持续突破,无刷直流电机的应用场合也不断拓展，特别是在航空航天、工业机器人与高档数控机床、新能源汽车等高端装备领域，无刷直流电机以其结构简单、功率密度大、效率高等优点得到广泛应用。

1. 无刷直流电机在航空航天装备中的应用

在航空航天装备中，一般要求电机体积小、质量轻、可靠性高、工作寿命长。无刷直流电机由于其特殊的结构特点，以及良好的调速性能，在飞机、卫星、载人飞船等航空航天装备中得到广泛的应用，典型的应用如陀螺仪、机电作动器、氧气浓缩器、压气机、磁悬浮飞轮、离心泵等。以陀螺仪为例，传统的有刷电机需要的安装空间大，并且陀螺仪在高速运转时，传统有刷电机会产生大量的损耗。此外，由于换向器与电刷的存在，最高转速也受到一定的限制，而无刷直流电机的高功率/质量比，以及高可靠性特点能够很好地解决有刷电机在应用中的瓶颈问题。随着多/全电飞机技术的进一步发展，机电作动器得到广泛的使用，无刷直流电机因结构简单、运行效率高、调速范围宽、控制精度和可靠性高等显著优点成为机电作动器的首选。对于航空油泵用电机，传统的有刷直流电机寿命短、起动电流大、易产生电火花，在运行过程中容易出现各种问题，因此通常用无刷直流电机作为泵的驱动电机，有效克服有刷电机存在的诸多缺陷，提高油泵用电机的使用寿命与可靠性。此外，在航空航天领域的应用中，无刷直流电机的无位置传感器控制技术在保证控制精度的同时，可以进一步提升电机驱动系统的紧凑性，从而提升驱动系统功率密度；在应对航空航天装备的极端运行环境方面，无刷直流电机结构简单的特点也是其重要优势之一。

2. 无刷直流电机在机器人和高档数控机床中的应用

机器人和高档数控机床通常需要伺服电机系统具有高稳定性、高伺服精度、高响应速度等性能指标。传统的有刷电机受限于自身结构缺陷，难以实现快速起停、加减速等要求，而无刷直流电机以其体积小、动态性能优良、可靠性高、转矩特性好等优点，成为工业机器人、数控机床、纺织机械、自动化生产线等装备伺服系统的重要解决方案之一。在工业机器人中，无刷直流电机主要用于机械臂关节驱动，与传统的有刷直流电机相比，无刷直流电机革除了换向器与电刷装置，不会产生环火现象，可以提高工业机器人在应对易燃易爆工作环境时的安全性和可靠性。在水下机器人的推进系统中，无刷直流电机更能满足高输出转矩、高动态响应、宽速度范围的性能需求，是解决水下机器人推进问题的有效方案之一。传统的数控机床通常采用步进电机作为驱动电机，然而由于步进电机的特性限制，设备的运行速度与精度很难进一步提高，而数控无刷直流电机伺服系统可以大幅度提高机床的运行速度和伺服精度，从而有效提高生产效率。随着机器人和高档数控机床对伺服精度、集成化、智能化要求的不断提升，解决好伺服系统的转矩波动抑制、伺服系统的模块化和可重构化、电机控制系统的智能感知等热点问题，成为无刷直流电机在本领域应用拓展的重要基础，对装备适应恶劣的运行环境具有重要意义。

3. 无刷直流电机在新能源汽车领域的应用

随着节能减排理念的全面贯彻，电动汽车领域对电机性能和效率的要求日益提高。由于无刷直流电机具有尺寸小、机械噪声小、输出转矩大、使用年限长、集成化程度高等优点，因此与传统的有刷直流电机相比更适合电动汽车领域的应用。在新兴的电动汽车中，无刷直流电机可以作为主动力驱动汽车行驶，也可以应用于汽车中的空调、雨刮器、电动车门、安全气囊、电动座椅等，提升乘客的驾驶舒适性。以汽车空调为例，传统有刷直流电机会限制汽车空调的寿命，同时机械电刷带来的噪声也无法避免。与家用空调机类似，以无刷直流电机驱动的汽车空调机将朝着性价比高、噪声低的变频方向发展。由于汽车结构愈来愈趋于整体化，电机的结构和大小也成为汽车品质的重要指标，有位置传感器的无刷直流电机因其位置传感器限制了电机的结构大小和使用范围，因此无位置传感器控制的无刷直流电机也将是新能源汽车发展的一个重要研究方向。

4. 无刷直流电机在精密仪器中的应用

精密仪器领域对电机系统的性能要求更为严苛，它要求电机同时具备体积小、调速精度高、调速范围宽、起动性能好、工作噪声低等性能特点。例如，在外科手术领域中，传统器械驱动电机大部分采用单相交直流串激电机，工作时电刷和换向器摩擦产生的噪声会严重影响手术操作者的临场发挥，加重患者的身心负担，同时机械换向装置需要经常清洁和维护，增加了设备的使用成本。无刷直流电机采用电子换向代替了机械换向，可以较好地解决上述问题，而且相比单相交直流串激电机，无刷直流电机能在较宽的速度范围内连续精准变速，让操作者更精确、更灵活地实施手术。此外，在血液分析仪、医护监控设备、放射治疗设备等其他医疗设备中，无刷直流电机也得到广泛应用。以医学领域为代表的精密仪器，普遍要求驱动机构具有严格的可靠性，以避免给使用者和操作者带来意外伤害，因此高可靠性的无刷直流电机具有广泛的应用需求。

随着应用领域的不断拓展，无刷直流电机在复杂工况和极端环境下也面临诸多挑战，因此对无刷直流电机系统的控制策略开展深入研究具有重要的理论意义和实际应用价值。

1.3　无刷直流电机研究现状

1.3.1　变流控制技术

无刷直流电机的理想相反电动势为平顶宽度 120°电角度的梯形波,为了产生恒定转矩,通常采用两两导通的方波电流驱动方式。在这种驱动方式下,变流控制技术是保证无刷直流电机在不同工况下正常运行的关键技术。传统的电压型交-直-交变换器是无刷直流电机变流控制系统中常见的一种结构。该结构包括交-直变换的整流部分,以及直-交变换的逆变部分。然而,在实际应用中,打破常规的拓扑结构,引入新型的变流器拓扑可以进一步拓宽无刷直流电机的应用场合。

对于整流部分,在单相交流电源供电的无刷直流电机系统中,直流链通常需要配置一个大容量电解电容来减小二极管整流桥输出电压的波动。但是,大容量电解电容会降低无刷直流电机系统变流器的功率密度。一种减小直流链电容容量的有效手段是在保证电机正常运行所需能量的前提下,尽量降低直流链电容释放的能量,通过在直流链增加一个与直流链电容串联的功率管来控制整流桥和直流链电容的供电情况。文献[15]、[16]分别提出基于定频调制的方法和基于不定频滞环控制的方法实现直流链功率管的控制,可以在直流链电容容值较小的情况下满足电机稳定运行所需的电压。

对于逆变部分,六开关三相桥式逆变电路是无刷直流电机系统中常用的一种驱动电路。若进一步减少逆变桥中功率器件的数量,则可以改善系统的成本和体积。文献[17]~[19]采用四开关逆变器驱动无刷直流电机,具有开关器件少、硬件电路简单等优点,可以大大降低系统成本。在此基础上,为了提高直流侧电压利用率,文献[20]将传统的升压变换器与四开关三相逆变器有机结合,设计了一种升压型的五开关三相逆变器拓扑结构,结合相应的控制方法,可以拓展电机在低压供电场合的带载能力和调速范围。

此外,在一般的无刷直流电机驱动电路中,逆变桥的直流输入电压通常是固定不变的恒值。然而,对于一些特殊应用场合,通过引入 DC-DC 变换电路来改变逆变桥的直流输入电压,可以为无刷直流电机系统提供新的控制自由度。文献[21]采用升降压式 Cuk 变换器实现脉冲幅值调制,逆变桥只作为电子换向器,不进行高频斩波,适用于绕组电感小、基波频率高的无刷直流电机。文献[22]、[23]在传统的 Buck-Boost 变换器中,将一对二极管及其相连的电容以 X 形连接加入电路,能够形成新的电路拓扑,通常称为二极管辅助升降压变换器。该拓扑巧妙地利用二极管单向导电性实现电容并联充电、串联放电,可以获得相对较高的电压增益,为宽输入电源系统中高增益 DC-DC 变换器需求提供有效的解决方案。

1.3.2 转矩波动抑制技术

转矩波动不仅会导致电机系统的振动和噪声，降低电机的使用寿命，还会影响电机驱动系统的稳定性和可靠性，是限制无刷直流电机高性能运行的主要问题之一。根据产生机理的不同，无刷直流电机的转矩波动主要分为齿槽引起的转矩波动、非理想反电动势引起的转矩波动和电流换相引起的转矩波动。

无刷直流电机的齿槽转矩是定子铁心的齿槽与转子永磁体相互作用而产生的磁阻转矩。降低齿槽转矩是国内外众多学者们研究的热点之一。目前，减小齿槽转矩的方法主要分为两类，一类是通过电机本体设计，从源头上减小齿槽转矩波动；另一类是通过控制方法，对齿槽转矩进行补偿。

在理想情况下，无刷直流电机通过设计气隙磁通密度的分布情况，使每相绕组的相反电动势波形为有平顶部分的梯形波，并且平顶部分宽度为120°。然而，在实际情况中，受电机设计、加工精度和制作成本的影响，电机绕组相反电动势的波形多为非理想梯形波，并且平顶部分的宽度小于120°。此时，电机转矩与相电流已不再满足简单的比例关系，而是一种复杂的非线性关系。如果仍然控制相电流为120°导通的方波，那么电机会产生含有多次谐波的转矩波动。为了抑制因非理想反电动势产生的周期性转矩波动，目前学者主要通过以下四个方向对其进行研究，即电机本体设计优化[24]、最优电流控制技术[25-27]、反电动势在线观测技术[28]和单周期控制技术[29,30]。

在理想情况下，当采用方波电流驱动时，若方波电流的波形与反电动势波形相位一致，且在120°电角度内电流幅值保持不变，那么电机能够输出恒定的电磁转矩。与正弦波电流驱动方式相比，方波电流驱动下无刷直流电机的转矩电流比更大。然而在这种驱动方式下，定子电流每隔60°换相一次，由于有限的逆变器直流母线电压及定子绕组的电感作用，电流在换相过程中不能瞬时变化，因此换相过程中的三相绕组均有电流流过，若不对换相过程中的电流进行特殊控制，则会产生较大的换相转矩波动。解决无刷直流电机系统的换相转矩波动问题一直以来是工程技术研究的重点和难点，目前主要通过脉宽调制技术[31-33]、模型预测控制技术[34,35]、直流调压技术[36-39]、直接转矩控制技术[40,41]对无刷直流电机的换相转矩波动进行抑制。

1.3.3 无位置传感器控制技术

无刷直流电机需要根据转子位置实现换相运行，获取转子位置的直接思路是安装位置传感器。霍尔传感器是无刷直流电机最常用的位置传感器，但是在一些特殊应用场合，霍尔传感器的使用将面临以下一些困难。

(1) 霍尔传感器电路增加了电机的体积，降低了整机功率密度。

(2) 霍尔传感器需要引入五条线缆，有可能引入额外的电磁干扰。

(3) 霍尔传感器在恶劣工况下难以正常工作，使系统寿命受到严重影响。

(4) 霍尔传感器难以准确安装，其安装精度会直接影响系统的运行性能。

为了避免上述问题,无位置传感器控制方法已成为无刷直流电机的研究热点。无位置传感器控制的核心思想可概括为，以电机电压、电流作为转子位置信息的来源，通过对这些信号进行运算或转换，间接地获取转子位置信息。需要指出的是，无刷直流电机的无位置传感器控制方法与永磁同步电机的无位置传感器控制方法不同。永磁同步电机常采用矢量控制方式，因此需要连续的转子位置信号。无刷直流电机常采用三相六步换相驱动方式，因此只需获取换相信号即可。无刷直流电机的无位置传感器控制方法主要包括电感法、磁链法、反电动势法、观测器法等。

电感法依据电机定子铁心的非线性饱和特性来检测转子位置。当转子永磁体的位置发生改变或绕组电流的幅值、方向发生变化，定子铁心的饱和程度都会发生一定变化，并反映在三相电感的大小关系上。为了获得转子的初始位置信息，文献[42]在电机静止状态下向三相绕组注入检测脉冲，根据脉冲注入后的电压响应或电流响应得到三相电感的大小关系,进而完成无位置传感器控制的初始定位。在电机低速运行时，文献[43]在每个调制周期内均输出驱动脉冲和检测脉冲，驱动脉冲以加速电机为目的，检测脉冲以获取转子位置为目的。

由于电机磁链与转子位置直接相关，并且永磁磁链幅值一般不受电机转速影响，因此可以利用磁链进行转子位置估计。磁链法主要通过将电机电压和电流进行积分来估计磁链，然后通过磁链获得电机转子位置。根据获得转子位置方式的不同，磁链法可以分为观测器法和直接计算法[44-46]。

虽然电感法、磁链法和智能估计法逐渐被研究和发展，但是反电动势法依然是目前相对成熟、应用最广泛的无位置传感器控制方法[47]。反电动势法因其原理简单易于实现，通过多年的发展，已经成为一种成熟的无位置传感器控制方法，因此广泛应用于无刷直流电机控制[48]。该方法通过检测电机反电动势，并根据反电动势与转子位置之间的关系获得转子位置。反电动势法的具体实施方法主要包括端电压法[49,50]、反电动势积分法、线反电动势法[51]、直接反电动势法[52-54]、反电动势三次谐波法、续流二极管法等。

现代控制理论的发展为无位置传感器控制技术提供了新的科学途径，状态观测器法通过状态重构能够较好地获得转子位置信息。现有基于反电动势观测器的无位置传感器控制方法包括滑模观测器法[55]、Kalman 滤波器法[56-58]、扩张状态观测器法等[59]。反电动势观测器法因其电路简单、应用范围宽，得到广大研究者的重视。同时，一些智能控制算法也成功应用于无刷直流电机转子位置检测，通过在线学习，以及离线训练，能够适应更复杂的工况，因此在无刷直流电机无位置传感器控制中具有明显的优点。目前，比较成熟并已经成功应用的智能算法主要有模糊控制、遗传算法、神经网络控制、蚁群算法等。通过对观测器，以及智能算法进行改进，能够获得更高的性能，同时高性能数字处理芯片的发展为上述控制算法的实现提供了基础。

1.4　无刷直流电机发展趋势

无刷直流电机的发展虽然已有半个多世纪，但是随着信息技术、控制技术、电力电子变流技术等相关技术的并行推进、融合发展，无刷直流电机也将进入一个崭新的时代。《中国制造 2025》提出制造强国战略目标，这对电机系统的效能和运行指标提出了更高的要求。围绕国家装备制造业的重大需求，无刷直流电机系统的高效能、高可靠性和智能化控制是三个重要的发展方向。

高效能是指在有限增加或不增加材料、体积、成本等的前提下，较为显著地提高系统功率、效率、功率因数、功率密度/转矩密度，改善转矩平稳性、转速/转角控制精度、动态响应等性能指标。一方面，新型电工材料、新工艺的出现可以使电机在相同体积下出力更大。同时，先进的云计算与大数据分析方法的应用，可以对电机系统多物理场进行更精确的分析与计算。这可以在保证电机系统运行品质的基础上，充分发挥电磁、绝缘等材料特性，使电机系统单位质量或体积的功率密度得到进一步提升。另一方面，新型电力电子器件的发展为无刷直流电机系统优化设计带来新的思路。以碳化硅(SiC)和氮化镓 (GaN)为代表的宽禁带半导体器件开关频率可达上百千赫兹，这不但便于实现电机系统的小型化、集成化，大幅提升系统的功率密度和效率，而且可以有效缩短驱动系统电流环周期，提高电流采样的实时性，改善系统的转速控制特性和转矩刚度。

电机系统高可靠性的内涵不仅包括电机系统的高品质设计和制造，也包括容错能力和冗余设计。无刷直流电机系统在复杂工况下需长时间高可靠性运行，并且需要在出现故障时具备较强的连续运行能力，因此需要揭示电机系统故障机理与特征规律，研究兼具高效能与高可靠性的电机系统结构特征，进行系统可靠性优化设计。特别是，在高温、低温、高压、真空、强辐射、强腐蚀等极端环境条件下，需要进一步探索无刷直流电机系统高效能运行能力与高可靠性设计之间的耦合路径与边界条件，提出高效能、高可靠性电机系统的设计理论。构建能够保证电机系统高效能运行的容错控制理论体系，研究不同故障、不同性能需求下的分级容错设计方法与控制策略，建立多层次、多目标的高效能电机系统容错设计理论与控制机制，实现电机系统高可靠性设计与容错控制。

智能化是未来无刷直流电机控制发展的重要方向。高性能微处理器的快速发展使复杂的控制理论得以实现，将电机控制策略与人工智能算法进行有机融合，可使电机系统具备自学习、自适应、自协调、自诊断、自推理、自组织、自校正等特性。一方面，面向电机本身的自监测、自传感功能，通过控制参数自整定、电机参数在线辨识、电机状态自监测(监测电机自身的温度、绝缘、轴承、退磁等)、位置和电流信号检测等，提升电机系统运行的智能化。另一方面，面向电机与外部环境交互过程中的自诊断、自适应功能，通过对外部多源信息进行感知、传输、融合、评估等，可使电机系统集成诊断、保护、控制、通信等功能，实现电机系统的自我诊断、自我保护、自我调速、远程控制等，使电机系统对复杂工况的适应能力进一步提升。

参 考 文 献

[1] Pillay P, Krishnan R. Application characteristics of permanent magnet synchronous and brushless DC motors for servo drives[J]. IEEE Transactions on Industry Applications, 1991, 27(5): 986-996.

[2] Pillay P, Krishnan R. Modeling, simulation, and analysis of permanent-magnet motor drives, part II: the brushless DC motor drive[J]. IEEE Transactions on Industry Applications, 1989, 25(2): 274-279.

[3] Hemati N, Leu M C. A complete model characterization of brushless DC motors[J]. IEEE Transactions on Industry Applications, 1992, 28(1): 172-180.

[4] IEEE. IEEE standard dictionary of electrical and electronics terms: ANSI/IEEE Standard 100-1984[S]. USA: Institute of Electrical and Electronics Engineers, 1997.

[5] NEMA. Motion/position control motors, controls, and feedback devices: NEMA ICS 16-2001[S]. USA: National Electrical Manufacturers Association, 2001.

[6] Harrison D B, Rye N Y. Commutator-less direct current motor[P]. US, 2719944, 1955-10-4.

[7] Wilson T, Trickey P. D-C machine with solid-state commutation[J]. Electrical Engineering, 1962, 81(11): 879-884.

[8] 夏长亮, 王东, 程明, 等. 高效能电机系统可靠运行与智能控制基础研究进展[J]. 中国基础科学, 2017, 19(1): 16-18.

[9] 工业和信息化部. 电机能效提升计划(2021—2023 年)[EB/OL]. https://www. miit. gov. cn/jgsj/jns/gzdt/art/2021/art_09b9a0f43de9496abff73b1954831e37. html[2022-1-25].

[10] 张传林, 胡文静. 稀土永磁材料的发展及在电机中的应用[J]. 微电机, 2003, 36(1): 38-39.

[11] 叶金虎. 无刷直流电动机[M]. 北京: 科学出版社, 1982.

[12] 张琛. 直流无刷电动机原理及应用[M]. 北京: 机械工业出版社, 1996.

[13] 郭庆鼎, 赵希梅. 直流无刷电动机原理与技术应用[M]. 北京: 中国电力出版社, 2008.

[14] 刘刚, 王志强, 房建成. 永磁无刷直流电机控制技术与应用[M]. 北京: 机械工业出版社, 2008.

[15] Xia C L, Li P F, Li X M, et al. Series IGBT chopping strategy to reduce DC-link capacitance for brushless DC motor drive system[J]. IEEE Journal of Emerging and Selected Topics in Power Electronics, 2017, 5(3): 1192-1204.

[16] Zheng B N, Cao Y F, Li X M, et al. An improved DC-link series IGBT chopping strategy for brushless DC motor drive with small DC-link capacitance[J]. IEEE Transactions on Energy Conversion, 2021, 36(1): 242-252.

[17] Xia C L, Li Z Q, Shi T N. A control strategy for four-switch three-phase brushless DC motor using single current sensor[J]. IEEE Transactions on Industrial Electronics, 2009, 56(6): 2058-2066.

[18] Xia C L, Wu D, Shi T N, et al. A current control scheme of brushless DC motors driven by four-switch three-phase inverters[J]. IEEE Journal of Emerging and Selected Topics in Power Electronics, 2017, 5(1): 547-558.

[19] Xia C L, Xiao Y W, Chen W, et al. Three effective vectors-based current control scheme for four-switch three-phase trapezoidal brushless DC motor[J]. IET Electric Power Applications, 2013, 7(7): 566-574.

[20] Xia C L, Xiao Y W, Shi T N, et al. Boost three-effective-vector current control scheme for a brushless DC motor with novel five-switch three-phase topology[J]. IEEE Transactions on Power Electronics, 2014, 29(12): 6581-6592.

[21] Chen W, Liu Y P, Li X M, et al. A novel method of reducing commutation torque ripple for brushless DC motor based on Cuk converter[J]. IEEE Transactions on Power Electronics, 2016, 31(11): 7677-7690.

[22] Gao F, Loh P C, Teodorescu R, et al. Diode-assisted buck-boost voltage-source inverters[J]. IEEE Transactions on Power Electronics, 2009, 24(9): 2057-2064.

[23] Cao Y F, Shi T N, Li X M, et al. A commutation torque ripple suppression strategy for brushless DC motor based on diode-assisted buck-boost inverter[J]. IEEE Transactions on Power Electronics, 2019, 34(6): 5594-5605.

[24] 王兴华, 励庆孚, 王曙鸿. 永磁无刷直流电机空载气隙磁场和绕组反电势的解析计算[J]. 中国电机工程学报, 2003, 23(3): 126-130.

[25] 姜国凯. 永磁无刷直流电机转矩控制[D]. 天津: 天津大学, 2017.

[26] Xia C L, Xiao Y W, Chen W, et al. Torque ripple reduction in brushless DC drives based on reference current optimization using integral variable structure control[J]. IEEE Transactions on Industrial Electronics, 2014, 61(2): 738-752.

[27] Xia C L, Jiang G K, Chen W, et al. Switching-gain adaptation current control for brushless DC motors[J]. IEEE Transactions on Industrial Electronics, 2016, 63(4): 2044-2052.

[28] 宁建行, 迟长春, 陆彦青, 等. 基于卡尔曼滤波的无刷电机转矩脉动抑制研究[J]. 微电机, 2016, 49(1): 60-63.

[29] Sheng T T, Wang X L, Zhang J, et al. Torque-ripple mitigation for brushless DC machine drive system using one-cycle average torque control[J]. IEEE Transactions on Industrial Electronics, 2015, 62(4): 2114-2122.

[30] 盛田田, 王晓琳, 顾聪, 等. 一种使用重叠换相法的无刷直流电机平均转矩控制[J]. 中国电机工程学报, 2015, 35(15): 3939-3947.

[31] Cao Y F, Shi T N, Niu X Z, et al. A smooth torque control strategy for brushless DC motor in braking operation[J]. IEEE Transactions on Energy Conversion, 2018, 33(3): 1443-1452.

[32] Shi T N, Niu X Z, Chen W, et al. Commutation torque ripple reduction of brushless DC motor in braking operation[J]. IEEE Transactions on Power Electronics, 2018, 33(2): 1463-1475.

[33] 陈炜. 永磁无刷直流电机换相转矩脉动抑制技术研究[D]. 天津: 天津大学, 2006.

[34] Xia C L, Wang Y F, Shi T N. Implementation of finite-state model predictive control for commutation torque ripple minimization of permanent-magnet brushless DC motor[J]. IEEE Transactions on Industrial Electronics, 2013, 60(3): 896-905.

[35] 史婷娜, 李聪, 姜国凯, 等. 基于无模型预测控制的无刷直流电机换相转矩波动抑制策略[J]. 电工技术学报, 2016, 31(15): 54-61.

[36] Shi T N, Guo Y T, Song P, et al. A new approach of minimizing commutation torque ripple for brushless DC motor based on DC-DC converter[J]. IEEE Transactions on Industrial Electronics, 2010, 57(10): 3483-3490.

[37] Xu Y X, Wei Y Y, Wang B C, et al. A novel inverter topology for brushless DC motor drive to shorten commutation time[J]. IEEE Transactions on Industrial Electronics, 2016, 63(2): 796-807.

[38] Jiang G K, Xia C L, Chen W, et al. Commutation torque ripple suppression strategy for brushless DC motors with a novel non-inductive boost front end[J]. IEEE Transactions on Power Electronics, 2018, 33(5): 4274-4284.

[39] Li X M, Xia C L, Cao Y F, et al. Commutation torque ripple reduction strategy of Z-source inverter fed brushless DC motor[J]. IEEE Transactions on Power Electronics, 2016, 31(11): 7677-7690.

[40] Shi T N, Cao Y F, Jiang G K, et al. A torque control strategy for torque ripple reduction of brushless DC motor with nonideal back electromotive force[J]. IEEE Transactions on Industrial Electronics, 2017, 64(6): 4423-4433.

[41] Zhu Z Q, Leong J H. Analysis and mitigation of torsional vibration of PM brushless AC/DC drives with direct torque controller[J]. IEEE Transactions on Industrial Applications, 2012, 48(4): 1296-1306.

[42] Chen W, Dong S H, Li X M, et al. Initial rotor position detection for brushless DC motors based on coupling injection of high-frequency signal[J]. IEEE Access, 2019, 7: 133433-133441.

[43] 史婷娜, 吴志勇, 张茜, 等. 基于绕组电感变化特性的无刷直流电机无位置传感器控制[J]. 中国电机工程学报, 2012, 32(27): 45-52.

[44] Chen W, Liu Z B, Cao Y F, et al. A position sensorless control strategy for the BLDCM based on a flux-linkage function[J]. IEEE Transactions on Industrial Electronics, 2019, 66(4): 2570-2579.

[45] Chen S H, Liu G, Zhu L Q. Sensorless control strategy of a 315 kW high-speed BLDC motor based on a speed-independent flux linkage function[J]. IEEE Transactions on Industrial Electronics, 2017, 64(11): 8607-8617.

[46] Chen S H, Zhou X Y, Bai G C, et al. Adaptive commutation error compensation strategy based on a flux linkage function for sensorless brushless DC motor drives in a wide speed range[J]. IEEE Transactions on Power Electronics, 2018, 33(5): 3752-3764.

[47] 史婷娜, 吴曙光, 方攸同, 等. 无位置传感器永磁无刷直流电机的起动控制研究[J]. 中国电机工程学报, 2009, 29(6): 111-116.

[48] 王迎发, 夏长亮, 陈炜. 基于模糊规则的无刷直流电机起动策略[J]. 中国电机工程学报, 2009, 29(30): 98-103.

[49] Li H T, Zheng S Q, Ren H L. Self-correction of commutation point for high-speed sensorless BLDC motor with low inductance and nonideal back EMF[J]. IEEE Transactions on Power Electronics, 2017, 32(1): 642-651.

[50] Zhao D D, Wang X P, Tan B, et al. Fast commutation error compensation for BLDC motors based on virtual neutral voltage[J]. IEEE Transactions on Power Electronics, 2021, 36(2): 1259-1263.

[51] 李志强, 夏长亮, 陈炜. 基于线反电动势的无刷直流电机无位置传感器控制[J]. 电工技术学报, 2010, 25(7): 38-44.

[52] Xia C L, Li X M. Z-source inverter-based approach to the zero-crossing point detection of back EMF for sensorless brushless DC motor[J]. IEEE Transactions on Power Electronics, 2015, 30(3): 1488-1498.

[53] 李新旻, 夏长亮, 陈炜, 等. Z 源逆变器驱动的无位置传感器无刷直流电机反电势过零点检测方法[J]. 中国电机工程学报, 2017, 37(17): 5153-5161.

[54] Park J, Lee K, Lee S, et al. Unbalanced ZCP compensation method for position sensorless BLDC motor[J]. IEEE Transactions on Power Electronics, 2019, 34(4): 3020-3024.

[55] 史婷娜, 肖竹欣, 肖有文, 等. 基于改进型滑模观测器的无刷直流电机无位置传感器控制[J]. 中国电机工程学报, 2015, 35(8): 2043-2051.

[56] 张倩. 永磁无刷直流电机 UKF 转子位置估计及变结构控制[D]. 天津: 天津大学, 2007.

[57] Potnuru D, Chandra K P B, Arasaratnam I, et al. Derivative-free square-root cubature Kalman filter for non-linear brushless DC motors[J]. IET Electric Power Applications, 2016, 10(5): 419-429.

[58] Mazaheri A, Radan A. Performance evaluation of nonlinear Kalman filtering techniques in low speed brushless DC motors driven sensor-less positioning systems[J]. Control Engineering Practice, 2017, 60: 148-156.

[59] 王迎发. 无刷直流电机换相转矩波动抑制与无位置传感器控制研究[D]. 天津: 天津大学, 2011.

第2章　无刷直流电机数学模型及特性分析

数学模型是对无刷直流电机进行性能分析和控制系统设计的基础，建立数学模型必须考虑无刷直流电机本身的结构特点和工作方式。常见的无刷直流电机由电机本体、功率驱动电路和位置传感器三部分组成，不同类型的本体结构和驱动方式可以有多种组合。本章首先介绍现有的无刷直流电机结构类型及驱动方式，然后给出常见的无刷直流电机数学模型及其推导过程，主要包括微分方程模型、传递函数模型和状态空间模型。在此基础上，对无刷直流电机的起动特性、稳态运行特性和制动特性进行分析。

2.1　无刷直流电机结构类型及驱动方式

2.1.1　无刷直流电机本体结构

无刷直流电机的设计思想来源于利用电子开关电路代替有刷直流电机的机械换向器。普通有刷直流电机依靠电刷和换向器的作用，使交轴电枢磁场和电机主磁场的轴线在空间上始终保持 90°电角度差，从而产生最大电磁转矩，驱动电机不停运转。无刷直流电机为了实现无机械接触换相，取消了电刷，将电枢绕组和永磁体分别放在定子和转子侧，成为倒装式直流电机结构。电子开关电路可以直接与无刷直流电机电枢绕组连接，根据转子的位置信息对电枢绕组中电流换向进行控制，从而实现对电机转速和转动方向的调节。

与其他类型电机相比，无刷直流电机采用方波励磁形式，可以提高永磁材料的利用率，减小电机体积，增大电机出力，具有高效率、高功率密度的特点。因此，无刷直流电机在提高机电产品质量、延长其使用寿命、节能降耗等方面具有重要意义。随着新型钕铁硼永磁材料性能的提高和价格的降低，电机的制造成本不断下降，其应用优势也更加明显。

无刷直流电机本体在结构上与永磁同步电机相似，主要由包含电枢绕组的定子和带有永磁体的转子组成。无刷直流电机本体截面示意图如图 2.1 所示。

1. 定子

无刷直流电机的定子结构和功能与普通同步电机或感应电机相似。其主要作

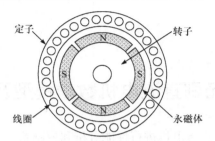

图 2.1　无刷直流电机本体截面示意图

用是形成磁路和放置多相绕组。各相电枢绕组之间的连接方式常见有 Y 接和△接两种，但考虑系统的性能和成本，目前应用较多的是电枢绕组 Y 接、三相对称且无中性点引出的无刷直流电机。

定子铁心中嵌有的绕组形式通常有整距集中绕组、整距分布式绕组、分数槽集中绕组等。绕组形式的不同会影响电机的反电动势波形，进而影响到电机的性能。

(1) 对于整距集中绕组而言，每极下同相绕组的导体处在同一个槽内，因此导体对应的气隙磁通密度相同。叠加同相绕组各个导体的反电动势得到总的反电动势波形，其形状与气隙磁通密度的波形相似，反电动势波形平顶宽度等于气隙磁通密度空间分布波形的平顶宽度。整距集中绕组能得到较好的梯形反电动势波形。

(2) 为了有效地利用定子内表面空间，便于绕组散热，可将线圈均匀分散于定子表面，形成分布式绕组。一般情况下，受各种因素影响，气隙磁通密度的空间分布较难达到理想的梯形波波形。

(3) 分数槽集中绕组可以将电机设计成近极槽的结构，不但可以削弱齿槽转矩，改善反电动势波形，而且可以减少端部用铜量，减小电阻和铜耗。如果采用齿拼装结构，还可以采用自动化绕线，提高槽满率和生产效率，因此在无刷直流电机中具有广泛应用。

2. 转子

无刷直流电机的转子由一定极对数的永磁体粘贴在铁心表面，或者嵌入铁心内部构成。目前，永磁体多采用钕铁硼等高矫顽力、高剩磁感应密度的稀土永磁材料制作而成。无刷直流电机转子的永磁体与有刷永磁电机中的永磁体作用类似，均是在电机气隙中建立足够的磁场，其不同之处在于无刷直流电机中永磁体装在转子上，而有刷电机的永磁体装在定子上。常见的转子磁极结构有三种形式。

(1) 表面粘贴式磁极(又称瓦形磁极)。表面粘贴式磁极是在铁心外表面粘贴径向充磁的瓦片形稀土永磁体，有时也采用矩形小条拼装成瓦片形磁极，以降低电机的制造成本。在电机设计过程中，若采用瓦片形永磁体径向励磁并取其极弧宽度大于 120°电角度，可以产生梯形波形式的气隙磁通密度，减小转矩波动。无刷直流电机多采用此种结构。

(2) 嵌入式磁极(又称矩形磁极)。嵌入式磁极是在铁心内嵌入矩形永磁体,这种结构的优点是永磁体安装在转子铁心内部,并且由隔磁桥连接支撑,具有较高的机械强度和可靠性,缺点是漏磁较多,降低了永磁体的材料利用率。

(3) 环形磁极。环形磁极是在铁心外套上一个整体稀土永磁环,并通过特殊方式将环形磁体径向充磁为多极。该种结构的转子制造工艺相对简单,适用于体积和功率较小的电机。

3. 位置传感器

位置传感器在无刷直流电机中起着检测转子磁极位置、为逻辑开关电路提供正确换相信息的作用,即将转子磁极的位置信号转换成电信号,然后根据位置信号控制定子绕组换相,使电机电枢绕组中的电流随着转子位置的变化按一定次序换相,通过气隙形成步进式旋转磁场,驱动永磁转子连续不断地旋转。

位置传感器种类较多,各具特点。目前在无刷直流电机中应用的位置传感器主要有电磁式、光电式、磁敏式等。霍尔位置传感器是磁敏式位置传感器的一种,其体积小,使用方便且价格低廉。因此,无刷直流电机控制系统一般采用霍尔位置传感器作为转子位置检测装置。

2.1.2　无刷直流电机驱动方式

以三相 Y 接无刷直流电机为例,常见的三相全桥式驱动电路如图 2.2 所示。图中 A、B、C 表示电机定子三相绕组,T_{AH}、T_{AL}、T_{BH}、T_{BL}、T_{CH} 和 T_{CL} 为功率 MOSFET。根据转子位置传感器信号控制功率器件的开关状态,按照一定顺序依次激励无刷直流电机绕组的导通和断开。常见的驱动方式可分为两两导通和三三导通。

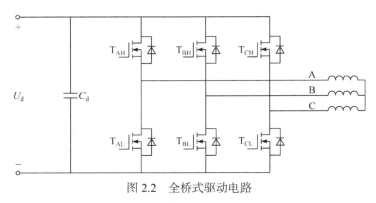

图 2.2　全桥式驱动电路

1. 两两导通方式

两两导通方式是指每一时刻电机都有两相导通,第三相悬空。各相的导通顺序与时间由位置传感器获得的转子位置信号决定。下面以电机磁极对数为 1 对极为例,说明无刷直流电机换相的工作原理。假设转子初始位置如图 2.3(a)所示,为了使转子逆时针旋转(如图中 ω 所示的转速方向),由定子合成磁场和转子永磁体磁场相互作用而产生的电磁转矩方向必须与转速方向相同。令上桥臂功率管 T_{AH} 和下桥臂功率管 T_{BL} 导通,此时电流由 A 相绕组流入,B 相绕组流出,定子合成磁势 F_s 和转子磁势 F_r 的夹角为 120°电角度,产生的电磁转矩为逆时针方向。为了保证转子能持续逆时针旋转,当定子合成磁势和转子磁势的夹角减小为 60°

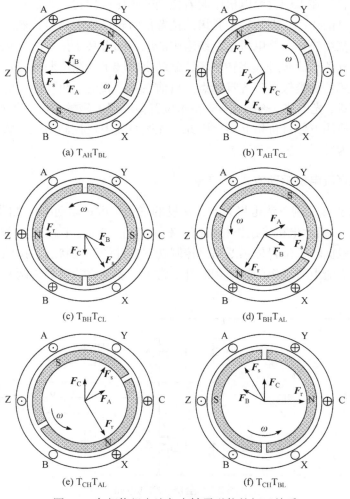

(a) $T_{AH}T_{BL}$ (b) $T_{AH}T_{CL}$

(c) $T_{BH}T_{CL}$ (d) $T_{BH}T_{AL}$

(e) $T_{CH}T_{AL}$ (f) $T_{CH}T_{BL}$

图 2.3 各相绕组电流与定转子磁势的相互关系

电角度时，关断 T_{BL} 同时开通 T_{CL}，此时定子合成磁势逆时针步进 60°电角度，如图 2.3(b)所示。随着转子旋转，则继续下一次换相，图 2.3 给出一个电周期内各相绕组电流与定转子磁势的相互关系。由此可见，在两两导通方式下，定子合成磁场在空间不是连续旋转的磁场，而是一种跳跃式旋转磁场，每个步进角是 60°电角度。转子每转过 60°电角度时，逆变桥就进行一次换流，定子磁状态就相应改变一次。

2. 三三导通方式

三三导通方式是指每一瞬间逆变桥均有三只功率器件同时通电。同两两导通方式相比，也是每隔 1/6 周期(60°电角度)换相一次，其硬件原理完全相同。只是功率器件的导通次序不同，每一功率器件导通 180°电角度。

三三导通方式可以进一步提高绕组的利用率。值得注意的是，三三导通方式在换相时刻容易导致同一桥臂的上下两功率器件同时导通。

对于△接的无刷直流电机，其三相全桥式驱动电路如图 2.4 所示。可以看出，△接的和 Y 接的区别很少，只需要将△接电机中的 A、B 相绕组的连接处对应于 Y 接电机中的 A，△接电机中 B、C 相绕组的连接处对应于 Y 接电机中的 B，△接电机中的 C、A 相绕组的连接处对应于 Y 接电机中的 C，则无须改变任何其他无刷直流电机控制系统的软硬件，△接无刷直流电机便可以等同于 Y 接无刷直流电机运行起来。

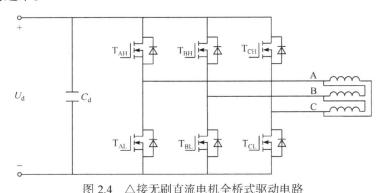

图 2.4　△接无刷直流电机全桥式驱动电路

2.2　无刷直流电机数学模型

2.2.1　微分方程模型

下面以两极三相无刷直流电机为例，说明微分方程模型的建立过程。电机定子绕组为 Y 接集中整距绕组，转子采用隐极内转子结构，三个霍尔元件在空间相隔 120°对称放置。在此结构基础上，作如下假设以简化分析过程[2-4]。

(1) 忽略电机铁心饱和，不计涡流损耗和磁滞损耗。

(2) 不计电枢反应，气隙磁场分布近似认为是平顶宽度为 120°电角度的梯形波。

(3) 忽略齿槽效应，电枢导体连续均匀分布于电枢表面。

(4) 驱动系统逆变电路的功率管和续流二极管均具有理想的开关特性。

经过简化处理后，得到图 2.5 所示的无刷直流电机结构示意图。

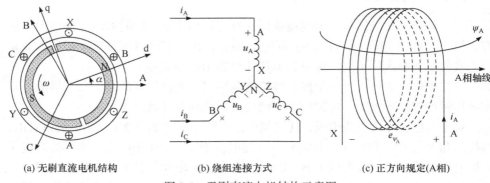

(a) 无刷直流电机结构　　　　　　(b) 绕组连接方式　　　　　　(c) 正方向规定(A相)

图 2.5　无刷直流电机结构示意图

无刷直流电机每相绕组的相电压由电阻压降和绕组感应电动势两部分组成。在图 2.5 所示的正方向下，绕组任意一相电压可表示为

$$u_x = R_x i_x + e_{\psi x} \tag{2.1}$$

式中，u_x、i_x、$e_{\psi x}$ 和 R_x 分别为相电压、相电流、相感应电动势和相电阻，下标 x 代表三相绕组 A、B、C，三相对称绕组中 $R_A = R_B = R_C = R$。

绕组感应电动势在数值上等于绕组所交链的磁链对时间的变化率，按照图 2.5 所示的正方向，绕组感应电动势可表示为

$$e_{\psi x} = \frac{\mathrm{d}\psi_x}{\mathrm{d}t} \tag{2.2}$$

每相绕组除了与自身电流产生的磁通相交链之外，还与其他绕组电流产生的磁通和永磁转子的磁通相交链。以 A 相绕组为例，其磁链为

$$\psi_A = L_{AA} i_A + M_{AB} i_B + M_{AC} i_C + \psi_{pm}(\alpha) \tag{2.3}$$

式中，$\alpha = \omega t$ 为转子位置角，指转子直轴和 A 相绕组轴线之间的夹角；$\psi_{pm}(\alpha)$ 为转子位置角为 α 时定子 A 相绕组匝链的永磁磁链；L_{AA} 为 A 相绕组自感；M_{AB}、M_{AC} 为 B 相绕组、C 相绕组对 A 相绕组的互感。

$\psi_{pm}(\alpha)$ 的大小取决于永磁体产生的气隙磁场分布，无刷直流电机永磁体产生的气隙磁密径向分量沿定子内径表面呈梯形分布。A 相绕组匝链的永磁磁通如图 2.6 所示。

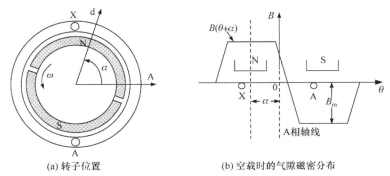

(a) 转子位置　　　　　　　　　　(b) 空载时的气隙磁密分布

图 2.6　A 相绕组匝链的永磁磁通

当转子以电角速度 ω 逆时针旋转，A 相绕组匝链的有效磁通随转子角度不断变化。当转子位置角为 α 时，A 相绕组匝链的永磁磁链为

$$\psi_{pm}(\alpha) = N\phi_{pm}(\alpha) \tag{2.4}$$

$$\phi_{pm}(\alpha) = \int_{-\frac{\pi}{2}}^{\frac{\pi}{2}} B(\theta+\alpha)lr\mathrm{d}\theta$$

$$= \int_{-\frac{\pi}{2}+\alpha}^{\frac{\pi}{2}+\alpha} B(x)lr\mathrm{d}x \tag{2.5}$$

式中，$\phi_{pm}(\alpha)$ 是转子位置角为 α 时 A 相绕组匝链的永磁磁通；$B(\theta+\alpha)$ 是转子位置角为 α 时空载气隙磁密沿空间位置角 θ 的径向分量；N 为绕组匝数；l 为导体有效长度；r 为定子内径。

将式(2.2)～式(2.5)代入式(2.1)，可得

$$u_A = Ri_A + \frac{\mathrm{d}}{\mathrm{d}t}(L_{AA}i_A + M_{AB}i_B + M_{AC}i_C + \psi_{pm}(\alpha))$$

$$= Ri_A + \frac{\mathrm{d}}{\mathrm{d}t}(L_{AA}i_A + M_{AB}i_B + M_{AC}i_C) + \frac{\mathrm{d}}{\mathrm{d}t}\left(Nlr\int_{-\frac{\pi}{2}+\alpha}^{\frac{\pi}{2}+\alpha} B(x)\mathrm{d}x\right)$$

$$= Ri_A + \frac{\mathrm{d}}{\mathrm{d}t}(L_{AA}i_A + M_{AB}i_B + M_{AC}i_C) + e_A \tag{2.6}$$

式中，e_A 是由转子旋转引起 A 相绕组匝链的永磁磁链变化产生的，称为 A 相反电动势。

式(2.6)包含对电感和电流乘积项的求导运算。在不计磁饱和的情况下，电机绕组的自感和互感与匝数平方，以及磁通所经磁路的磁导成正比，即

$$L_{AA} = N^2 \Lambda_{AA} \tag{2.7}$$

$$M_{AB} = N^2 \Lambda_{AB} \tag{2.8}$$

式中，Λ_{AA} 为 A 相绕组自感磁通所经过磁路的磁导；Λ_{AB} 为绕组 A、B 之间互感磁通经过磁路的磁导。

隐极转子磁路沿各方向的磁导相同，转子位置对绕组磁通经过磁路的磁导没有影响，所以其自感和互感不随时间变化。凸极转子直轴、交轴方向的磁导不同，绕组的自感和互感随转子位置角的变化而变化，而转子位置随时间变化，因此电感也随时间变化[5]。转子凸极性质对绕组电感参数的影响如图 2.7 所示。

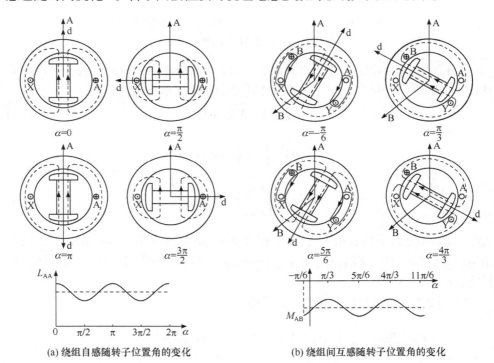

(a) 绕组自感随转子位置角的变化　　　　　(b) 绕组间互感随转子位置角的变化

图 2.7　转子凸极性质对磁路的影响

无刷直流电机的转子一般采用表面粘贴式隐极结构，可以认为其绕组电感都是不随时间变化的常量。由于定子三相绕组结构对称，每相绕组的自感相等，相绕组之间的互感也相等，即 $L_{AA} = L_{BB} = L_{CC} = L_0$、$M_{AB} = M_{BA} = M_{BC} = M_{CB} = M_{AC} = M_{CA} = M_0$。将其代入式(2.6)，可得

$$u_A = Ri_A + L_0 \frac{\mathrm{d}i_A}{\mathrm{d}t} + M_0 \frac{\mathrm{d}i_B}{\mathrm{d}t} + M_0 \frac{\mathrm{d}i_C}{\mathrm{d}t} + e_A \tag{2.9}$$

式中

$$\begin{aligned}
e_A &= \frac{\mathrm{d}}{\mathrm{d}t}\left(Nlr \int_{-\frac{\pi}{2}+\alpha}^{\frac{\pi}{2}+\alpha} B(x)\mathrm{d}x \right) \\
&= Nlr \left[B\left(\frac{\pi}{2}+\alpha\right) - B\left(-\frac{\pi}{2}+\alpha\right) \right] \frac{\mathrm{d}\alpha}{\mathrm{d}t} \\
&= Nlr\omega \left[B\left(\frac{\pi}{2}+\alpha\right) - B\left(-\frac{\pi}{2}+\alpha\right) \right]
\end{aligned} \tag{2.10}$$

根据图 2.6(b)所示的气隙磁密分布可知,$B(\theta)$以 2π 为周期,且 $B(\theta+\pi) = -B(\theta)$,所以

$$\begin{aligned}
e_A &= Nlr\omega \left[B\left(\frac{\pi}{2}+\alpha\right) - B\left(-\frac{\pi}{2}+\alpha\right) \right] \\
&= Nlr\omega \left[B\left(\frac{\pi}{2}+\alpha\right) - B\left(\frac{\pi}{2}+\alpha+\pi-2\pi\right) \right] \\
&= 2Nlr\omega B\left(\frac{\pi}{2}+\alpha\right) \\
&= 2Nlr\omega B\left(\omega t+\frac{\pi}{2}\right)
\end{aligned} \tag{2.11}$$

可见,当转子以电角速度 ω 旋转时,定子 A 相绕组的反电动势会随时间按梯形波规律变化,e_A 可写为

$$e_A = 2Nlr\omega B_m f_A(\omega t) = \omega \psi_m f_A(\omega t) \tag{2.12}$$

式中,B_m 为空载时气隙磁密的最大值;$\psi_m = 2NlrB_m$;$f_A(\omega t)$为 A 相反电动势的波形函数,且随时间呈梯形分布,其最大值和最小值分别为 1 和-1。

对于三相对称绕组,B 相反电动势和 C 相反电动势可分别写为

$$e_B = \omega \psi_m f_B(\omega t) = \omega \psi_m f_A(\omega t - 2\pi/3) \tag{2.13}$$

$$e_C = \omega \psi_m f_C(\omega t) = \omega \psi_m f_A(\omega t + 2\pi/3) \tag{2.14}$$

图 2.8 所示为 A 相、B 相和 C 相反电动势波形函数和相反电动势示意图。

由于三相电流满足

$$i_A + i_B + i_C = 0 \tag{2.15}$$

式(2.9)可进一步化简为

$$u_A = Ri_A + L\frac{\mathrm{d}i_A}{\mathrm{d}t} + e_A \tag{2.16}$$

式中,$L = L_0 - M_0$。

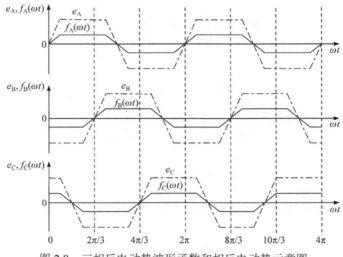

图 2.8　三相反电动势波形函数和相反电动势示意图

经推导，对 B、C 相可以得出类似的结果，因此无刷直流电机相电压方程的矩阵形式可表示为

$$
\begin{bmatrix} u_{\mathrm{A}} \\ u_{\mathrm{B}} \\ u_{\mathrm{C}} \end{bmatrix} = \begin{bmatrix} R & 0 & 0 \\ 0 & R & 0 \\ 0 & 0 & R \end{bmatrix} \begin{bmatrix} i_{\mathrm{A}} \\ i_{\mathrm{B}} \\ i_{\mathrm{C}} \end{bmatrix} + \begin{bmatrix} L & 0 & 0 \\ 0 & L & 0 \\ 0 & 0 & L \end{bmatrix} \frac{\mathrm{d}}{\mathrm{d}t} \begin{bmatrix} i_{\mathrm{A}} \\ i_{\mathrm{B}} \\ i_{\mathrm{C}} \end{bmatrix} + \begin{bmatrix} e_{\mathrm{A}} \\ e_{\mathrm{B}} \\ e_{\mathrm{C}} \end{bmatrix} \tag{2.17}
$$

式(2.17)对应的无刷直流电机等效电路如图 2.9 所示。

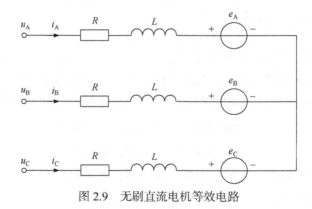

图 2.9　无刷直流电机等效电路

在实际应用中，无刷直流电机定子绕组大多为 Y 接，且中性点不引出，相电压难以直接测量，基于相电压的数学模型在某些场合并不适用。相比之下，线电压测量较为简单，而且在逆变桥驱动下，当相应的功率管开通时，线电压近似等于逆变桥直流侧电压，所以基于线电压的数学模型更适合与实际物理系统衔接。

无刷直流电机线电压方程可由相电压方程直接相减得到，即

$$\begin{bmatrix} u_{AB} \\ u_{BC} \\ u_{CA} \end{bmatrix} = \begin{bmatrix} R & -R & 0 \\ 0 & R & -R \\ -R & 0 & R \end{bmatrix} \begin{bmatrix} i_A \\ i_B \\ i_C \end{bmatrix} + \begin{bmatrix} L & -L & 0 \\ 0 & L & -L \\ -L & 0 & L \end{bmatrix} \frac{d}{dt} \begin{bmatrix} i_A \\ i_B \\ i_C \end{bmatrix} + \begin{bmatrix} e_A - e_B \\ e_B - e_C \\ e_C - e_A \end{bmatrix} \quad (2.18)$$

与其他电机类似，可以从能量传递角度对无刷直流电机的功率和转矩进行分析。电机运行时从电源吸收电功率，这些电功率中除小部分转化为铜耗外，大部分通过气隙磁场对转子永磁体的力矩作用传递给转子，这部分功率为电磁功率，其值等于三相绕组的相反电动势与相电流乘积之和，即

$$P_e = e_A i_A + e_B i_B + e_C i_C \quad (2.19)$$

从定子传递到转子的电磁功率是使转子产生旋转运动的总机械功率，即

$$P_e = T_e \Omega \quad (2.20)$$

式中，T_e 为电磁转矩；Ω 为电机机械角速度。

由式(2.19)和式(2.20)可得

$$T_e = \frac{e_A i_A + e_B i_B + e_C i_C}{\Omega} \quad (2.21)$$

将式(2.12)～式(2.14)代入式(2.21)，可以得到转矩方程的另一种形式，即

$$T_e = p\psi_m(f_A(\omega t)i_A + f_B(\omega t)i_B + f_C(\omega t)i_C) \quad (2.22)$$

式中，p 为电机极对数。

当无刷直流电机运行在两两导通方式下，不考虑换相暂态过程，三相 Y 接定子绕组中仅有两相流过电流，其大小相等且方向相反。对于导通的两相绕组而言，相反电动势波形函数的符号总是相反的，因此式(2.22)可进一步化简为

$$T_e = 2p\psi_m i = K_T i \quad (2.23)$$

式中，$K_T = 2p\psi_m$ 为电机转矩系数；i 为绕组相电流。

包括上述电压方程和转矩方程在内，要构成一个机电系统的完整数学模型，还需引入电机运动方程，即

$$T_e - T_L = J\frac{d\Omega}{dt} + B_v \Omega \quad (2.24)$$

式中，T_L 为负载转矩；J 为系统转动惯量；B_v 为黏滞摩擦系数。

式(2.17)、式(2.21)和式(2.24)共同构成无刷直流电机的微分方程数学模型。

2.2.2　传递函数模型

传递函数是控制理论最重要的概念之一，基于传递函数的数学模型在自动控

制领域应用非常广泛，诸如根轨迹法和频率响应分析法等一些系统分析和控制方法都是在传递函数基础上发展起来的。

研究无刷直流电机的传递函数，对分析电机工作特性和设计电机控制系统都具有指导意义。与传统的有刷直流电机相比，无刷直流电机需要根据转子的不同位置给对应相的电枢绕组通电，其相数常被设计为三相或者多相。但是，对每一相导通的电枢绕组而言，其反电动势和电磁转矩生成的原理和过程与传统的有刷直流电机完全类似，所以分析过程也相似。

传递函数的推导以三相全桥驱动、定子绕组两两通电方式为例。此时，每两相定子绕组导通的状态持续 60°电角度，电机运行的每个电气周期经历 6 次换相。在换相过程中，由于绕组电感的作用，电流不能瞬时变化，三相绕组均有电流流通。当关断相的电流减小为 0 时，换相过程结束，此时电机处在新的两相导通状态。换相过程引起换相转矩脉动，是无刷直流电机重要的动态过程。但是，由于其持续时间相对很短，对电气量的有效值影响较小，因此在稳态分析和传递函数推导中将其忽略以简化计算，近似认为仅有两相绕组导通，其电流大小相等、方向相反。以 A、B 相绕组导通为例，则有

$$i_A = -i_B = i$$

$$\frac{di_A}{dt} = -\frac{di_B}{dt} = \frac{di}{dt} \tag{2.25}$$

由式(2.18)可得

$$u_{AB} = 2Ri + 2L\frac{di}{dt} + (e_A - e_B) \tag{2.26}$$

不计换相暂态过程，则 A 相和 B 相稳态导通时 e_A 和 e_B 的大小相等、符号相反，式(2.26)可写为

$$u_{AB} = U_d = 2Ri + 2L\frac{di}{dt} + 2e_A = r_a i + L_a \frac{di}{dt} + k_e \Omega \tag{2.27}$$

式中，U_d 为直流母线电压；r_a 为绕组线电阻，$r_a = 2R$；L_a 为绕组等效线电感，$L_a = 2L$；k_e 为线反电动势系数，$k_e = 2p\psi_m = 4pNlrB_m$。

式(2.27)给出了两相绕组导通时的电枢回路方程。其对应的等效电路如图 2.10 所示。

无刷直流电机根据其相数和电枢绕组连接方式的不同，可以采取不同的驱动方式，如三相半桥驱动或三相全桥驱动。三相全桥驱动又分为 120°导通和 180°导通两种工作模式。这些驱动方式都可采用图 2.10 所示的等效电路，只是系数 k_e 和 K_T 的数值不同。

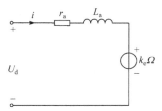

图 2.10　无刷直流电机两相绕组通电时的等效电路

将式(2.27)中的电流用角速度来表示，可得母线电压和角速度之间的关系，进而推出电机传递函数。将式(2.23)代入式(2.24)可得

$$K_T i - T_L = J \frac{\mathrm{d}\Omega}{\mathrm{d}t} + B_v \Omega \tag{2.28}$$

首先考虑 $T_L=0$ 的情况，此时电枢电流为

$$i = \frac{J}{K_T} \cdot \frac{\mathrm{d}\Omega}{\mathrm{d}t} + \frac{B_v}{K_T} \Omega \tag{2.29}$$

将式(2.29)代入式(2.27)，可得

$$U_d = r_a \left(\frac{J}{K_T} \cdot \frac{\mathrm{d}\Omega}{\mathrm{d}t} + \frac{B_v}{K_T} \Omega \right) + L_a \frac{\mathrm{d}}{\mathrm{d}t} \left(\frac{J}{K_T} \cdot \frac{\mathrm{d}\Omega}{\mathrm{d}t} + \frac{B_v}{K_T} \Omega \right) + k_e \Omega \tag{2.30}$$

因此

$$U_d = \frac{L_a J}{K_T} \cdot \frac{\mathrm{d}^2\Omega}{\mathrm{d}t^2} + \frac{r_a J + L_a B_v}{K_T} \cdot \frac{\mathrm{d}\Omega}{\mathrm{d}t} + \frac{r_a B_v + k_e K_T}{K_T} \Omega \tag{2.31}$$

对式(2.31)进行拉普拉斯变换并整理，得到的无刷直流电机的传递函数为

$$G_u(s) = \frac{\Omega(s)}{U_d(s)} = \frac{K_T}{L_a J s^2 + (r_a J + L_a B_v)s + (r_a B_v + k_e K_T)} \tag{2.32}$$

根据上述推导过程，可建立无刷直流电机的系统结构图，如图 2.11 所示。

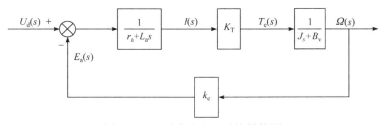

图 2.11　无刷直流电机系统结构图

式(2.32)所示的传递函数是一个二阶系统，可将其整理为二阶系统的标准形式，即

$$G_u(s) = \frac{K_T}{r_a B_v + k_e K_T} \cdot \frac{\omega_n^2}{s^2 + 2\xi\omega_n s + \omega_n^2} \qquad (2.33)$$

式中，$\omega_n = \sqrt{\dfrac{r_a B_v + k_e K_T}{L_a J}}$，为二阶系统的自然频率；$\xi = \dfrac{1}{2} \dfrac{r_a J + L_a B_v}{\sqrt{L_a J} \cdot \sqrt{(r_a B_v + k_e K_T)}}$，为二阶系统的阻尼比(或相对阻尼系数)。

因此，表征无刷直流电机二阶系统的特征方程的两个根为 $s_{1,2} = -\xi\omega_n \pm \omega_n \sqrt{\xi^2 - 1}$，系统的时间响应由 ω_n 和 ξ 这两个参数决定。对于单位阶跃响应，ω_n 决定响应曲线包络线的收敛速度，ω_n 越大收敛得越快；ξ 决定特征根的性质和响应曲线的形状，当 $0 < \xi < 1$ 时系统欠阻尼，$\xi = 1$ 时系统处在临界阻尼状态，当 $\xi > 1$ 时系统过阻尼。无刷直流电机不同阻尼比下的速度阶跃响应曲线如图 2.12 所示。

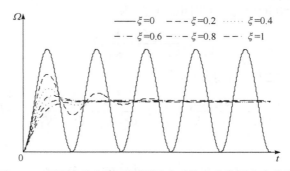

图 2.12　无刷直流电机不同阻尼比下的速度阶跃响应曲线

设机械时间常数 $t_m = \dfrac{r_a J + L_a B_v}{r_a B_v + k_e K_T}$，电磁时间常数 $t_e = \dfrac{L_a J}{r_a J + L_a B_v}$，则式(2.32)可改写为

$$G_u(s) = \frac{K_T}{r_a B_v + k_e k_T} \cdot \frac{1}{s^2 t_m t_e + s t_m + 1} \qquad (2.34)$$

通常电机的机械时间常数较电磁时间常数大很多，即 $t_m \gg t_e$，因此式(2.34)所示的传递函数可简化为

$$\begin{aligned}
G_u(s) &\approx \frac{K_T}{r_a B_v + k_e K_T} \cdot \frac{1}{s^2 t_m t_e + s t_m + s t_e + 1} \\
&= \frac{K_T}{r_a B_v + k_e K_T} \cdot \frac{1}{(s t_m + 1)(s t_e + 1)}
\end{aligned} \qquad (2.35)$$

根据式(2.35)，无刷直流电机的传递函数可以用两个串联的惯性环节表达[6]，速度对阶跃电压输入的响应过程示意图如图 2.13 所示。

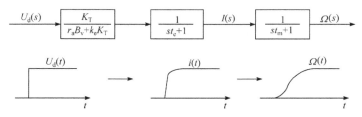

图 2.13　速度对阶跃电压输入的响应过程示意图

图 2.13 说明了传递函数中时间常数的物理意义。当输入电压阶跃变化时，首先是电流通过电气惯性环节 $1/(st_e+1)$ 响应电压的变化，时间常数为 t_e；然后速度通过机械惯性环节 $1/(st_m+1)$ 响应电流的变化，时间常数为 t_m。在实际的速度响应过程中，角速度通过反电动势影响电枢电流，电枢电流通过转矩反作用于角速度，因此电流和速度之间相互耦合。图 2.13 将这一耦合过程等效分解为两个惯性环节，分析更加直观。

如果完全忽略电磁时间常数的影响，相当于不计电枢电感，近似认为 $L_a = 0$，则式(2.34)可简化为一阶模型，即

$$G_u(s) = \frac{K_T}{r_a B_v + k_e K_T} \cdot \frac{1}{st_m + 1} \tag{2.36}$$

忽略电枢电感时的无刷直流电机系统结构图如图 2.14 所示。

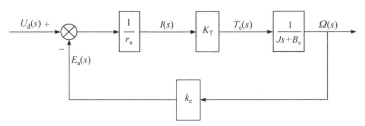

图 2.14　忽略电枢电感时的无刷直流电机系统结构图

式(2.36)所示的传递函数的阶跃响应为

$$\Omega(t) = \frac{K_T U_d}{r_a B_v + k_e K_T}(1 - e^{-t/t_m}) \tag{2.37}$$

对应的响应曲线如图 2.15 所示。

由此可知，t_m 越小，$\Omega(t)$ 达到稳定值的时间就越短。对于调速系统，通常希望速度响应的延迟时间越短越好。如果电机本身的机械时间常数较大，合理设计闭环控制系统可以提高系统响应速度。例如，在模拟控制系统中选用增益较大的电压或电流放大器，在数字控制系统中增加数字 PI 控制器的比例增益。这些措施可以提高系统的开环增益，减小响应的上升时间，加快速度响应，但增益并不是越大越好，过高的放大器增益可能引起功率器件损耗过大，降低系统效率。从控制的

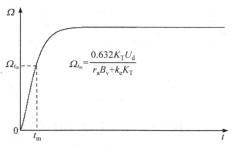

图 2.15　忽略电枢电感时无刷直流电机的速度阶跃响应

角度来看,过大的比例增益会引起振荡,降低系统稳定性,因此在进行系统设计时,稳定性和响应的快速性需要综合考虑,必须在保证稳定性的前提下提高响应速度。

上述分析讨论了 $T_L=0$ 情况下无刷直流电机的传递函数和速度阶跃响应。当 $T_L \neq 0$ 时,可以将 T_L 看作系统的输入。考虑负载转矩时的无刷直流电机系统结构图如图 2.16 所示。

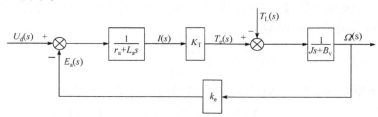

图 2.16　考虑负载转矩时的无刷直流电机系统结构图

根据叠加原理,此时输出等于 $U_d(s)$ 和 $T_L(s)$ 单独作用时的响应之和。在图 2.16 中,当 $U_d(s) = 0$ 时,有

$$\left(-\frac{k_e K_T}{r_a + L_a s} \Omega(s) - T_L(s) \right) \frac{1}{Js + B_v} = \Omega(s) \tag{2.38}$$

即

$$\Omega(s) \left[\frac{(r_a + L_a s)(Js + B_v) + k_e K_T}{(r_a + L_a s)} \right] = -T_L(s) \tag{2.39}$$

此时,负载转矩与速度之间的传递函数为

$$G_L(s) = \frac{\Omega(s)}{T_L(s)} = -\frac{r_a + L_a s}{L_a Js^2 + (r_a J + L_a B_v)s + (r_a B_v + k_e K_T)} \tag{2.40}$$

因此,无刷直流电机在电压和负载转矩共同作用下的速度响应为

$$\Omega(s) = G_u(s)U_d(s) + G_L(s)T_L(s)$$

$$= \frac{K_T U_d(s)}{L_a Js^2 + (r_a J + L_a B_v)s + (r_a B_v + k_e K_T)} - \frac{(r_a + L_a s)T_L(s)}{L_a Js^2 + (r_a J + L_a B_v)s + (r_a B_v + k_e K_T)}$$

$$\tag{2.41}$$

2.2.3　状态空间模型

在现代控制理论中，研究控制系统的运动状态主要借助状态方程实现。状态空间法是现代控制理论中最主要的分析方法，可以得到系统全部独立变量的响应，因此能同时确定系统的所有运动状态。状态空间法采用由状态变量构成的一阶微分方程组来描述系统的动态特性，有利于各种数字计算方法的实现，因此随着计算机技术的飞速发展，这一方法在控制系统设计方面得到越来越广泛的应用。尤其是近些年，计算机在线控制(最优控制、卡尔曼滤波、动态系统辨识、自适应滤波和自适应控制)在电机控制方面的应用研究更是层出不穷，而电机的状态方程则是这些应用研究的基础。

无刷直流电机的状态方程可以通过微分方程数学模型作代数变换得到。首先，选择适当的变量作为状态变量。状态变量的选择并不唯一，但是必须相互独立。状态变量的个数应该等于微分方程的阶数。这里选择三相电流和角速度作为状态变量，得到的 4 阶状态方程为

$$\dot{x} = Ax + Bu \tag{2.42}$$

式中，$x = \begin{bmatrix} i_A & i_B & i_C & \Omega \end{bmatrix}^T$；$u = \begin{bmatrix} u_A & u_B & u_C & T_L \end{bmatrix}^T$；

$$A = \begin{bmatrix} -\dfrac{R}{L} & 0 & 0 & -\dfrac{p\psi_m}{L}f_A(\omega t) \\ 0 & -\dfrac{R}{L} & 0 & -\dfrac{p\psi_m}{L}f_B(\omega t) \\ 0 & 0 & -\dfrac{R}{L} & -\dfrac{p\psi_m}{L}f_C(\omega t) \\ \dfrac{p\psi_m}{J}f_A(\omega t) & \dfrac{p\psi_m}{J}f_B(\omega t) & \dfrac{p\psi_m}{J}f_C(\omega t) & -\dfrac{B_v}{J} \end{bmatrix};$$

$$B = \begin{bmatrix} \dfrac{1}{L} & 0 & 0 & 0 \\ 0 & \dfrac{1}{L} & 0 & 0 \\ 0 & 0 & \dfrac{1}{L} & 0 \\ 0 & 0 & 0 & -\dfrac{1}{J} \end{bmatrix}。$$

由于电机的转子位置随时间不断变化，因此 A 是时变矩阵。式(2.42)所示的状态方程是一个多输入多输出(multiple-input multiple-output，MIMO)线性连续时变系统。

线性系统的能控性是最优控制和最优估计的设计基础，对无刷直流电机的状

态方程，有必要检验其能控性。设能控性矩阵为

$$M = \begin{bmatrix} M_0 & M_1 & M_2 & M_3 \end{bmatrix} \tag{2.43}$$

式中，$M_0 = B$；$M_i(t) = A^i B$，$i = 1$，2，3。

因此，M 可改写为

$$M = \begin{bmatrix} \lambda & 0 & 0 & 0 \\ 0 & \lambda & 0 & 0 \\ 0 & 0 & \lambda & 0 \\ 0 & 0 & 0 & -\dfrac{1}{J} \end{bmatrix} \ M_1 \quad M_2 \quad M_3 \tag{2.44}$$

式中，$\lambda = 1/(L - M)$。

不难看出，能控性矩阵任意时刻均满足 $\mathrm{rank}[M] = 4$，根据线性连续时变系统的秩判据，式(2.42)表征的系统是完全能控的，因此可以通过状态反馈任意配置其全部极点。

2.3 无刷直流电机特性分析

2.3.1 无刷直流电机起动特性

起动特性是指电机在恒定直流母线电压作用下，转速从零上升至稳定值过程中的转速、电流变化曲线。电机起动瞬间转速和反电动势均为零，此时电枢电流的最大值为

$$I_{\mathrm{st}} = \frac{U_{\mathrm{d}}}{r_{\mathrm{a}}} \tag{2.45}$$

起动过程的转速和电枢电流曲线如图 2.17 所示。

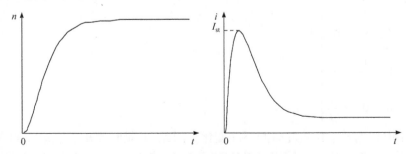

图 2.17　起动过程的转速和电流

可以看出，由于电枢绕组阻值一般较小，起动电流在短时间内会很大，可能达到正常工作电流的几倍到十几倍。在允许的范围内，起动电流大有助于转子加

速，满载时电机也能很快起动。以额定工况为例，电机刚起动时，转速和反电动势均为零，起动瞬间电枢电流迅速增大，使电磁转矩较负载转矩大很多，转速迅速增加；转速增加引起反电动势增大，电枢电流增长变缓，直至达到极大值，然后开始减小。电流减小导致电磁转矩减小，于是转速上升的加速度变小。当电磁转矩和负载转矩达到动态平衡时，转速稳定在额定值，整个机电系统保持稳态运行。

　　如果不考虑限制起动电流，图 2.17 中转速曲线的形状将由电机阻尼比决定。根据电机的传递函数，当阻尼比 $0 < \xi < 1$ 时系统处于欠阻尼状态，转速和电流会经过一段超调和振荡过程才逐渐平稳(图 2.18)。可以看出，图 2.12、图 2.17 和图 2.18 所示的转速阶跃响应形状是一致的。实际中由于要对电枢电流加以限制，起动时一般不会有转速、电流振荡。

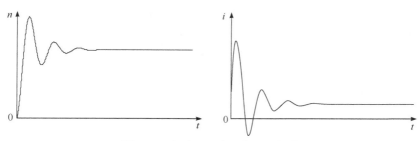

图 2.18　起动过程中的超调和振荡

　　在电机控制系统中，驱动电路的功率器件对过电流比较敏感。如果流过的电流超过自身上限值，器件在很短时间内就会被击穿。例如，IGBT 的过流承受时间一般在 10μs 以内。承受起动大电流需要选择较大容量的功率器件，而电机正常工作的额定电流比起动电流小很多，功率器件大部分时间工作在远远低于自身额定电流的状态。这样就降低了器件的使用效率且增加成本。为此，在设计驱动电路的时候，需要根据电机的起动特性和工作要求选择合适的功率器件，对起动电流加以适当限制，在保证功率器件安全的情况下尽可能增大起动电流，提高动态响应速度。

2.3.2　无刷直流电机稳态运行特性

1. 工作特性

　　工作特性是指直流母线电压 U_d 不变的情况下，电枢电流、电机效率和输出转矩之间的关系。

　　根据式(2.23)，电枢电流随负载转矩的增大而增大。这样电磁转矩才能平衡制动性质的总负载转矩，保证电机平稳运行。

　　电机输入功率为

$$P_1 = U_d I = P_e + \Delta p_1 \tag{2.46}$$

$$\Delta p_1 = p_{Cu} + p_T \tag{2.47}$$

式中，I 为电机稳态运行时的电枢电流；P_e 为电磁功率，$P_e = k_e \Omega I = \dfrac{\pi}{30} k_e n I$；$p_{Cu}$ 为电枢绕组的铜耗，$p_{Cu} = r_a I^2$；p_T 为逆变桥功率器件的损耗，$p_T = \Delta U I$（ΔU 为功率器件的导通压降），其大小与电力电子器件特性、驱动电路控制方式有关，通常为简化计算，近似认为不变。

可见，电机的输入功率由电磁功率 P_e 和损耗 Δp_1 为两部分组成，其中电磁功率 P_e 是电源克服反电动势所消耗的功率，经由磁场转化为机械能，以电磁转矩的形式作用于转子。考虑负载端的损耗，这部分功率传递可以表示为

$$P_e = P_2 + \Delta p_2 = (T_2 + \Delta T)\Omega \tag{2.48}$$

式中，P_2 为输出功率；Δp_2 为电磁能量转换过程中产生的损耗，包括铁心损耗、永磁体涡流损耗、杂散损耗、附加损耗和机械摩擦损耗等；T_2 为电机轴上输出转矩，$P_2 = T_2 \Omega$；ΔT 为电磁能量转换损耗对应的转矩，$\Delta T = \Delta p_2 / \Omega$。

因此，电机效率为

$$\eta = \frac{P_2}{P_1} = \frac{P_1 - (\Delta p_1 + \Delta p_2)}{P_1} = 1 - \frac{\Delta p}{P_1} \tag{2.49}$$

除 p_{Cu} 和 p_T，Δp 中的其他损耗可以近似认为不随负载而变化，用 p_0 表示，则式(2.49)可进一步改写为

$$\eta = 1 - \frac{r_a}{U_d} I - \frac{\Delta U}{U_d} - \frac{p_0}{U_d I} \tag{2.50}$$

为了求式(2.50)所表示效率的极值，令效率 η 对电流 I 的导数为零，即

$$\frac{d\eta}{dI} = -\frac{r_a}{U_d} + \frac{p_0}{U_d I^2} = 0 \tag{2.51}$$

可得

$$p_0 = r_a I^2 = p_{Cu} \tag{2.52}$$

式中，等号左边的 p_0 不随负载转矩变化，为不变损耗；铜耗 p_{Cu} 随着负载转矩变化而变化，属于可变损耗。

这表明，当无刷直流电机的可变损耗等于不变损耗时，电机的效率最高。图 2.19 给出了 U_d 不变时，无刷直流电机的电枢电流和效率随负载转矩变化的曲线。

2. 机械特性

机械特性是指在 U_d 不变的情况下，电机转速与电磁转矩之间的关系。根据

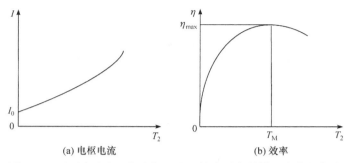

(a) 电枢电流　　　　　　　　　(b) 效率

图 2.19　无刷直流电机的电枢电流和效率随负载转矩变化的曲线

图 2.10 所示的两相绕组导通时的等效电路，稳态运行时有

$$U_{\mathrm{d}} = r_{\mathrm{a}}I + \frac{\pi}{30}k_{\mathrm{e}}n \tag{2.53}$$

将式(2.23)代入式(2.53)，可得

$$n = \frac{30}{\pi} \cdot \frac{K_{\mathrm{T}}U_{\mathrm{d}} - r_{\mathrm{a}}T_{\mathrm{e}}}{k_{\mathrm{e}}K_{\mathrm{T}}} \tag{2.54}$$

由式(2.54)可得，不同直流母线电压下无刷直流电机的理想机械特性曲线如图 2.20 所示。

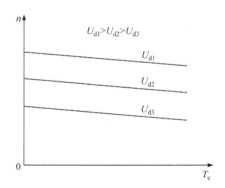

图 2.20　无刷直流电机理想机械特性

由图可见，在一定的直流母线电压下，电机转速随电磁转矩的增加自然下降。机械特性曲线的斜率表示单位电磁转矩变化时引起的转速变化，当 T_{e} 变化引起的转速变化较小时，机械特性较硬；反之，机械特性则较软。式(2.54)是直线方程，实际上由于电机损耗中的可变部分，以及电枢反应的影响，实际机械特性曲线只是近似为直线。由于无刷直流电机采用电力电子器件实现电子换向，这些器件通常都具有非线性的饱和特性，在堵转转矩附近，随着电枢电流的增大，管压降增加较快，因此实际机械特性曲线的末端会有明显的向下弯曲[7]。

3. 调节特性

调节特性是指电磁转矩 T_e 不变的情况下，电机转速和 U_d 之间的变化关系。结合式(2.54)可得，不同电磁转矩下无刷直流电机调节特性曲线，如图 2.21 所示。

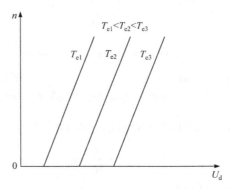

图 2.21　不同电磁转矩下无刷直流电机调节特性曲线

由图可见，由于静摩擦力等因素的影响，调节特性曲线并不过原点，即调节特性存在死区[8]，当 U_d 在死区范围内变化时，电磁转矩不足以克服负载转矩使电机起动时，转速始终为零。当 U_d 大于阈值电压，超出死区范围时，电机才能起转并达到稳态，U_d 越大，稳态转速也越大。

2.3.3　无刷直流电机制动特性

相比于电动状态，制动状态下由定子合成磁场和转子永磁体磁场相互作用而产生的电磁转矩方向与转速方向相反。

以反抗性恒转矩负载为例，在制动过程中，反向电磁转矩和负载转矩的共同作用下，电机转速不断减小，且反向电磁转矩的幅值越大，电机转速下降越快。结合式(2.24)可得，制动过程中不同反向电磁转矩下电机转速变化曲线如图 2.22 所示。

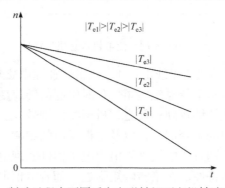

图 2.22　制动过程中不同反向电磁转矩下电机转速变化曲线

无刷直流电机制动运行时,反接制动和回馈制动是两种常用的电气制动方式,两者最大的区别在于制动时是否有能量回馈到直流端。对于反接制动方式,通常需要直流电压源提供能量,从而产生制动电流;在回馈制动方式下,机械能可转换为电能存储在储能元件,并由电机反电动势作为电源提供充电电流,这部分电流同时具有制动功能。下面对反接制动和回馈制动过程中,电机转速与电磁转矩之间的关系进行说明。

在反接制动方式下,通过控制逆变桥功率器件的开关状态可以将电机绕组接向电源的极性对调,由直流母线电压和反电动势共同作用产生制动电流,此时电枢电流为

$$I = \frac{-30U_\mathrm{d} - \pi k_\mathrm{e}n}{30r_\mathrm{a}} \tag{2.55}$$

因此

$$n = \frac{30}{\pi} \cdot \frac{-K_\mathrm{T}U_\mathrm{d} - r_\mathrm{a}T_\mathrm{e}}{k_\mathrm{e}K_\mathrm{T}} \tag{2.56}$$

由式(2.55)可知,在反接制动方式下,直流母线电压越大,转速越高时,电枢电流幅值越大。由式(2.56)可得不同直流母线电压下,反接制动过程中电机转速与电磁转矩关系曲线如图 2.23 所示。

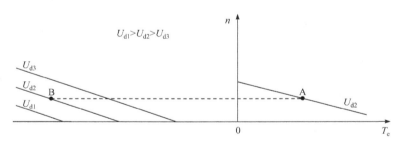

图 2.23　反接制动过程中电机转速与电磁转矩关系曲线

如图 2.23 所示,如果电机制动前在 A 点作电动运行,当电机绕组接向电源的极性改变,电磁转矩变为负值,由于转速不能突变,电机工作点由 A 点平移到 B 点,在反向电磁转矩作用下,转速迅速减小。由于电磁转矩幅值大小与直流母线电压,以及转速有关,在制动过程中,电机转速不断减小。若维持恒定的电磁转矩,则需要不断改变电枢绕组电压。

电机反电动势通常低于直流侧额定电压,在回馈制动方式下,为了利用反电动势作为充电的电压源将制动能量进行回收,一种方式是通过升压电路将反电动势升高,另一种方式是在制动过程中将直流侧电压降低。以降低直流侧电压实现回馈制动为例,在电动运行过程中,当突然降低电枢绕组电压,反电动势还来不

及变化时，电枢电流变为负值，电磁转矩为反向的制动转矩。此时电枢电流为

$$I = \frac{30U_\mathrm{d} - \pi k_\mathrm{e} n}{30r_\mathrm{a}} \tag{2.57}$$

如图 2.24 所示，当电压从 U_N 降到 U_d1 时，转速从 n_N 降到 n_{01} 期间，电磁转矩始终为负值；当电机转速减小至 n_{01} 时，若继续保持回馈制动状态，则需要不断降低电枢绕组电压。

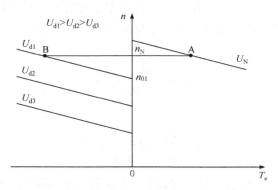

图 2.24　回馈制动过程中电机转速与电磁转矩关系曲线

参 考 文 献

[1] Krishnan R. Permanent Magnet Synchronous and Brushless DC Motor Drives[M]. Boca Raton: CRC Press 2010.

[2] Fitzgerald A E, Charles K J, Umans S D. Electric Machinery[M]. New York: McGraw-Hill, 2003.

[3] Pillay P, Krishnan R. Modeling, simulation, and analysis of permanent-magnet motor drives, part II: the brushless DC motor drive[J]. IEEE Transactions on Industry Applications, 1989, 25(2): 274-279.

[4] Pillay P, Krishnan R. Modeling, simulation，and analysis of permanent-magnet motor drives, part I: the permanent-magnet synchronous motor drive[J]. IEEE Transactions on Industry Applications, 1989, 25(2): 265-273.

[5] 高景德, 王祥珩, 李发海. 交流电机及其系统分析[M]. 北京: 清华大学出版社, 2005.

[6] Chau K T. Electric Vehicle Machines and Drives: Design, Analysis and Application[M]. Singapore: Wiley-IEEE Press, 2015.

[7] 谭建成. 永磁无刷直流电机技术[M]. 北京: 机械工业出版社, 2011.

[8] 唐任远. 现代永磁电机理论与设计[M]. 北京: 机械工业出版社, 2016.

第3章 无刷直流电机变流控制技术

无刷直流电机的理想相反电动势为平顶宽度120°电角度的梯形波，为了产生恒定转矩，通常采用两两导通的方波电流驱动方式。在这种驱动方式下，变流控制技术是保证无刷直流电机在不同工况正常运行的关键技术。传统的电压型交-直-交变换器是无刷直流电机变流控制系统中常见的一种结构。该结构包括交-直变换的整流部分，以及直-交变换的逆变部分。然而，在实际应用中，打破常规的拓扑结构，引入新型的变流器拓扑可以进一步拓宽无刷直流电机的应用场合。本章从整流级、逆变级，以及直流环节中的新型拓扑结构入手，基于不同变流器拓扑设计无刷直流电机变流控制策略。

3.1 传统交-直-交变流控制技术

1. 无刷直流电机的调制方式

在两两导通的方波电流驱动方式下，理想相电流为方波，并且其相位与相反电动势同步。当无刷直流电机运行在电动状态时，理想相反电动势和相电流的对应关系如图3.1(a)所示。由图可知，根据霍尔位置传感器信号(H_A H_B H_C)可将一个360°电周期分为6个区间，分别用I～VI表示，每个区间内只激励其中两相绕组，第三相绕组悬空。激励相绕组电流与相反电动势的乘积均为正值，在这种状态下将产生正向的电磁转矩，即驱动转矩。当无刷直流电机运行在制动状态时，理想相反电动势和相电流的对应关系如图3.1(b)所示。由图可知，在每个区间，激励相绕组电流与相反电动势的乘积均为负值，在这种状态下将产生负向的电磁转矩，即制动转矩。

由图3.1可知，采用两两导通的方波电流驱动方式时，每个区间内绕组具有不同导通模式。在电动状态和制动状态下，绕组的导通模式正好相反。以区间I为例，电动状态下绕组的导通模式为A⁺B⁻，此时电流从A相流入，B相流出(定义A相为正向导通相，B相为负向导通相)，而制动状态下绕组的导通模式为B⁺A⁻，此时电流从B相流入，A相流出(定义B相为正向导通相，A相为负向导通相)。本章以电动状态为例，对无刷直流电机变流控制进行说明。

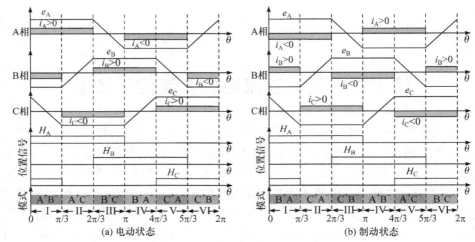

图 3.1　无刷直流电机理想相反电动势和相电流的对应关系

在电动状态下，实现方波电流控制的调制方式主要包括脉冲幅度调制(pulse amplitude modulation，PAM)方式和脉冲宽度调制(pulse width modulation，PWM)方式两种。在 PAM 方式下，将逆变桥作为电子换向器，通过升降压电路调节逆变桥的直流输入电压，可以实现绕组电流控制。在 PWM 方式下，逆变桥的直流输入电压则保持恒定，通过控制逆变桥功率器件斩波来改变导通相绕组线电压，可以达到电流调节的目的。以图 2.2 所示的三相全桥式驱动电路为例，可以归纳出五种常用的 PWM 方式，包括四种单极性调制方式，即 ON-PWM、PWM-ON、H-PWM_L-ON 和 H-ON_L-PWM，以及一种双极性调制方式，即 H-PWM_L-PWM。

以 ON-PWM 调制方式为例，对逆变桥功率器件的开关状态进行说明。如图 3.2 所示，在 I、III、V 区间，正向导通相对应的上桥臂功率管恒通，负向导通相对应的下桥臂功率管进行斩波，其余功率管均关断；在 II、IV、VI 区间，正向导通相对应的上桥臂功率管进行斩波，负向导通相对应的下桥臂功率管恒通，其余功率管均关断。

同理，可以对其他调制方式下功率管的开关状态进行分析。简便起见，表 3.1 对五种调制方式进行了归纳，表中六位数字或字母从左至右分别表示功率管 T_{AH}、T_{AL}、T_{BH}、T_{BL}、T_{CH} 和 T_{CL} 的开关状态，其中"1"代表功率管开通，"0"代表关断，"D"代表功率管以占空比 D 进行斩波。可以看出，在单极性调制方式下，每个区间只有一相桥臂的功率管进行斩波；在双极性调制方式下，正向导通相对应的上桥臂功率管和负向导通相对应的下桥臂功率管均进行斩波。

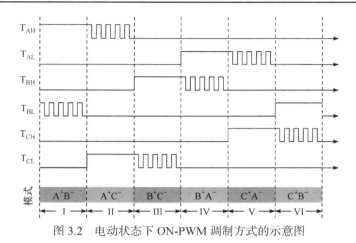

图 3.2　电动状态下 ON-PWM 调制方式的示意图

表 3.1　电动状态下 5 种常用调制方式

区间	导通模式	ON-PWM	PWM-ON	H-ON_L-PWM	H-PWM_L-ON	H-PWM_L-PWM
I	A^+B^-	100D00	D00100	100D00	D00100	D00D00
II	A^+C^-	D00001	10000D	10000D	D00001	D0000D
III	B^+C^-	00100D	00D001	00100D	00D001	00D00D
IV	B^+A^-	01D000	0D1000	0D1000	01D000	0$D$$D$000
V	C^+A^-	0D0010	0100D0	0D0010	0100D0	0D00D0
VI	C^+B^-	0001D0	000D10	000D10	0001D0	000$D$$D$0

2. 传统交-直-交变流控制

电压型交-直-交变换器是一种典型的电能转换装置，主要包括整流单元和逆变单元两部分[1]。图 3.3 所示为传统交-直-交变换器驱动的无刷直流电机系统等效电路。首先通过单相桥式二极管整流电路将电网提供的单相交流电源转换为直流电，然后通过三相全桥逆变电路将直流电转换为电压幅值、频率可调的交流电。图中 C 为直流链电容，u_s 为交流电源电压，u_{AO}、u_{BO} 和 u_{CO} 为绕组端电压，u_{NO} 为电机中性点电压，端电压和中性点电压的参考零电平为 O 点电平，相电流参考方向如图中箭头方向所示。

当交流电源电压 u_s 处于正半周且数值大于电容两端电压 u_{cap} 时，二极管 VD_1、VD_3 导通，电源电压向直流链电容和负载同时供电。在理想情况下，二极管的导通压降为零，此时电容电压 u_{cap} 与 u_s 相等，如图 3.4 中曲线 ab 段所示。当 u_s 上升到峰值后开始下降，直流链电容开始向负载供电，其电压 u_{cap} 也开始下降，趋势与 u_s 基本相同，如图 3.4 中曲线 bc 段所示。当 u_s 下降到一定数值后，u_{cap} 的下降

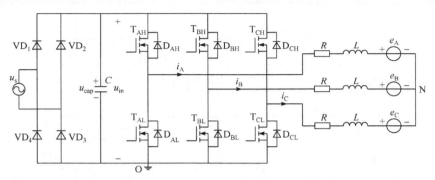

图 3.3　传统交-直-交变换器驱动的无刷直流电机系统等效电路

速度小于 u_s 的下降速度，使 u_{cap} 大于 u_s，从而导致 VD$_1$、VD$_3$ 反向偏置而变为截止。此时直流链电容继续向负载供电，其电压 u_{cap} 缓慢下降，如图 3.4 中曲线 cd 段所示。当 u_s 的负半周幅值变化到恰好大于 u_{cap} 时，二极管 VD$_2$、VD$_4$ 因正向电压变为导通状态，此后电容电压的变化可参见上述的分析过程，这里不再赘述。

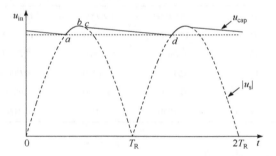

图 3.4　单相桥式二极管整流器的输出电压

由图 3.4 可知，直流链电容可以减小二极管整流桥输出电压的波动，并且电容越大，电压波动越小。设直流链电容电压的平均值为 U_{d_link}，该值即逆变桥的直流输入电压。下面结合具体调制方式，对无刷直流电机变流控制进行说明。

以导通模式 A$^+$B$^-$为例，此时导通相绕组的端电压方程为

$$\begin{cases} u_{AO} = Ri_A + L\dfrac{di_A}{dt} + e_A + u_{NO} \\ u_{BO} = Ri_B + L\dfrac{di_B}{dt} + e_B + u_{NO} \end{cases} \tag{3.1}$$

由于导通相电流满足 $i_A = -i_B$，相反电动势满足 $e_A = -e_B$，由式(3.1)可知，导通相线电压方程满足

$$u_{AB} = 2Ri_A + 2L\dfrac{di_A}{dt} + 2e_A \tag{3.2}$$

电机稳态运行时，设相电流的平均值为 $I(I > 0)$，即 avg[i_A]=I，相反电动势的幅值为 E，则导通相线电压平均值 U_{AB} 可表示为

$$U_{AB} = 2RI + 2E \tag{3.3}$$

式中，I 随负载转矩的变化而变化；E 与电机转速成正比。

因此，为了保证电机正常运行，导通相线电压平均值 U_{AB} 应随着电机运行工况的变化而动态调节。下面以 ON-PWM 调制方式为例，对导通相线电压的调节进行说明。

由表 3.1 可知，在 A⁺B⁻ 模式下，采用 ON-PWM 调制方式时，T_{AH} 恒通，T_{BL} 进行斩波，其余功率管均关断。当 T_{BL} 开通时，如图 3.5(a)所示，在逆变桥直流输入电压激励下，电流 i_A 流经 T_{AH} 和 T_{BL}，忽略功率管压降，则导通相线电压 u_{AB} 为 U_{d_link}。当 T_{BL} 关断时，如图 3.5(b)所示，电流 i_A 流经 T_{AH} 和反并联二极管 D_{BH}，线电压 u_{AB} 为 0。

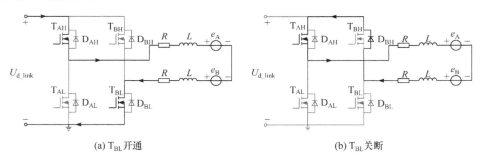

(a) T_{BL} 开通　　　　　　　　　　　　　(b) T_{BL} 关断

图 3.5　A⁺B⁻ 模式下采用 ON-PWM 调制方式时的等效电路(电动状态)

结合图 3.5 可知，在 ON-PWM 调制方式下，导通相线电压平均值可表示为

$$U_{AB} = d_{BL} U_{d\_link} = 2RI + 2E \tag{3.4}$$

式中，d_{BL} 为功率管 T_{BL} 的占空比，且 $0 \leqslant d_{BL} \leqslant 1$。

结合式(3.4)，当直流链电容电压的平均值 U_{d_link} 满足式(3.5)所示的约束条件时，通过控制功率管斩波的占空比，可以实现不同转速、负载转矩条件下的相电流调节；否则电机不能获得足够的能量，这种情况会导致电机相电流波动较大，甚至断续，影响电机的带载能力。

$$U_{d\_link} \geqslant U_{AB} \tag{3.5}$$

综上所述，对于交-直-交变换器驱动的无刷直流系统，实现变流控制的关键是通过前级整流部分和后级逆变部分的共同配合满足电机稳定运行所需的电压。

3.2　整流级变流控制技术

在由单相交流电源供电的无刷直流电机系统中，直流链通常需要配置一个大容量电解电容，以减小二极管整流桥输出电压的波动。但是，大容量电解电容会降低无刷直流电机系统变流器的功率密度。本节基于整流级拓扑结构的优化设计，介绍减小直流链电容容量的控制方法，保证电机在正常运行的同时提高变流器的功率密度。

一种减小直流链电容容量的有效手段是在保证电机正常运行所需能量的前提下，尽量降低直流链电容释放的能量[2]。图 3.6 为直流链采用小电容的无刷直流电机系统等效电路图，图中的直流链环节由一个功率管 T_1 和一个低容量电容串联构成。与传统变流器在直流链采用大容量电容不同，图 3.6 所示的变流器在直流链增加了一个功率管 T_1，其导通状态将直接影响逆变桥的直流输入电压，进而影响二极管整流桥和直流链电容的供电情况。

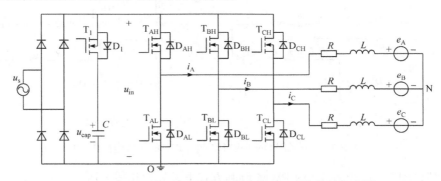

图 3.6　直流链采用小电容的无刷直流电机系统等效电路图

根据二极管整流桥的输出电压$|u_s|$和电机导通相线电压平均值 $2RI+2E$ 的关系，一个整流周期可被划分为两个区域。如图 3.7 所示，在区域 1，满足$|u_s|>2RI+2E$；而在区域 2，满足 $|u_s| \leqslant 2RI+2E$。结合式(3.5)可知，在区域 1，由于$|u_s| > 2RI+2E$，二极管整流桥可直接为电机供电，通过控制逆变桥功率管斩波，可以获得电机运行所需的电压；在区域 2，由于$|u_s| \leqslant 2RI+2E$，若单独由二极管整流桥为电机供电，则无法满足电机运行所需的电压。为了保证电机正常运行同时尽可能减小直流链电容容量，通过控制功率管 T_1 在区域 2 由二极管整流桥和直流链电容交替为电机供电。

此外，根据不同区域内直流链电容的供电情况，可以得到每个整流周期内电容电压的变化趋势。如图 3.7 中的实线所示，在区域 1，当二极管整流桥的输出电

压$|u_s|$大于电容电压 u_{cap} 时, 整流桥的输出经过功率管 T_1 的反并联二极管 D_1 对直流链电容进行充电, 当$|u_s|$上升至峰值时, u_{cap} 达到最大值。此后, 虽然$|u_s|$不断下降, 但是由于该区域由二极管整流桥直接为电机供电, 功率管 T_1 关断, 因此 u_{cap} 保持不变。在区域 2, 由于二极管整流桥和直流链电容共同为电机供电, 此时电容电压 u_{cap} 将不断下降, 并在区域 2 结束时刻刚好下降至 $2RI+2E$ 时, 所需的直流链电容容量最小。

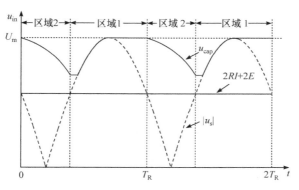

图 3.7 直流链电容电压变化的示意图

基于上述设计思想, 下面介绍两种实现无刷直流电机变流控制的方法, 第一种是定频调制的电流控制方法, 第二种是不定频的滞环电流控制方法。

1. 定频调制的电流控制方法

定频调制的电流控制是指功率器件以固定频率进行斩波的控制方法。该方法首先通过控制直流链中功率管 T_1 的导通状态来改变逆变桥的直流输入电压, 然后控制逆变桥中功率器件的斩波占空比来获得电机运行所需的电压。下面仍以 A$^+$B$^-$ 模式为例, 对定频调制的电流控制方法进行说明。

1) 电流控制器设计

在区域 1, 二极管整流桥直接为电机供电, 此时功率管 T_1 处于关断状态, 逆变桥的直流输入电压 u_{in} 等于二极管整流桥的输出电压$|u_s|$, 即 $u_{in} = |u_s|$。由于 $u_{in} > 2RI+2E$, 因此通过对逆变桥功率器件进行斩波可获得电机运行所需的电压。仍以 ON-PWM 调制方式为例, 结合式(3.4)可知, 此时功率管 T_{BL} 的占空比 d_{BL} 为

$$d_{BL} = \frac{2RI + 2E}{|u_s|} \tag{3.6}$$

在区域 2, 二极管整流桥和直流链电容交替为电机供电。当功率管 T_1 开通, 且 T_{BL} 也开通时, 系统的等效电路如图 3.8(a)所示。此时, 直流链电容为电机供电,

逆变桥的直流输入电压等于电容电压，即 $u_{in} = u_{cap}$。当功率管 T_1 开通，且 T_{BL} 关断时，系统的等效电路如图 3.8(b)所示。此时，虽然 $u_{in} = u_{cap}$，但电机并不从直流链电容吸收能量，绕组电流通过 T_{BL} 的反并联二极管 D_{BL} 进行续流。当功率管 T_1 关断，且 T_{BL} 开通时，若 $u_s > 0$，则系统的等效电路如图 3.8(c)所示；若 $u_s < 0$，则系统的等效电路如图 3.8(d)所示，此时，二极管整流桥直接为电机供电，且 $u_{in} = |u_s|$。当功率管 T_1 关断，且 T_{BL} 也关断时，系统的等效电路如图 3.8(b)所示。此时，虽然 $u_{in} = |u_s|$，但电机并不从二极管整流桥的输出吸收能量。

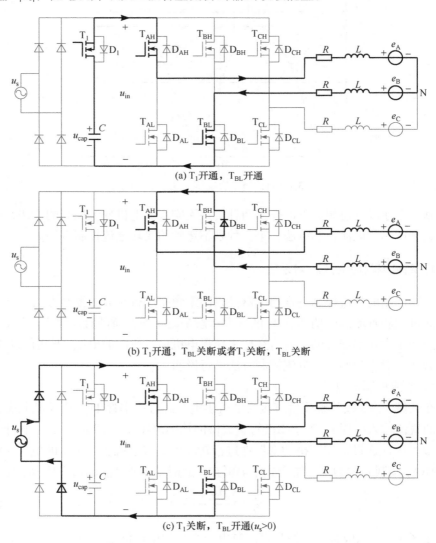

(a) T_1开通，T_{BL}开通

(b) T_1开通，T_{BL}关断或者T_1关断，T_{BL}关断

(c) T_1关断，T_{BL}开通($u_s > 0$)

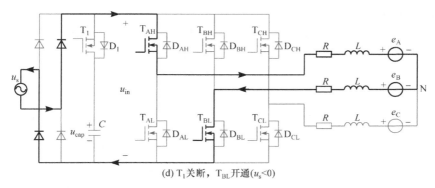

(d) T₁关断，T_BL开通(u_s<0)

图 3.8　在区域 2，不同开关状态下系统的等效电路

由上述分析可知，在区域 2，功率管 T_1 处于不同导通状态时，逆变桥的直流输入电压不同，因此通过控制 T_1 的占空比可以调节逆变桥直流输入电压的平均值 U_{in}。为了减小直流链电容容量，同时保证系统具有良好的电流调节能力，将直流侧输入电压的平均值 U_{in} 维持在电机额定电压 U_N 附近，当电容电压 $u_{cap} > U_N$ 时，有

$$d_1 u_{cap} + (1 - d_1)|u_s| = U_N \tag{3.7}$$

式中，d_1 为功率管 T_1 的占空比。

当 $u_{cap} \leqslant U_N$ 时，为了尽可能保证系统的电流调节能力，需使功率管 T_1 恒通，即 $d_1 = 1$。由于电容电压 $u_{cap} \geqslant 2RI + 2E$，因此在保证直流侧输入电压足够高的情况下，通过控制功率管 T_{BL} 的占空比，可以使电机导通相线电压平均值满足 $U_{AB} = 2RI + 2E$。

在二极管整流桥和直流链电容交替为电机供电的情况下，一个开关周期内，直流链功率管和逆变桥功率管的斩波脉冲在时间上存在两种对应关系，如图 3.9 所示。图中未给出的功率管均关断。

如图 3.9(a)所示，当功率管 T_{BL} 开通时，若 T_1 关断(阶段 A)，二极管整流桥直接向电机提供能量；若 T_1 开通(阶段 B)，直流链电容向电机提供能量。当功率管 T_{BL} 关断，T_1 开通时(阶段 C)，虽然直流侧的输入电压 u_{in} 为电容电压 u_{cap}，但电机并不从直流链电容吸收能量。因此，若采用图 3.9(a)所示的脉冲对应关系，则充分利用了二极管整流桥直接输出的能量，只利用了部分直流链电容存储的能量。

如图 3.9(b)所示，当功率管 T_{BL} 开通时，若 T_1 开通(阶段 A)，直流链电容向电机提供能量；若 T_1 关断(阶段 B)，二极管整流桥直接向电机提供能量。当功率管 T_{BL} 和 T_1 同时关断时(阶段 C)，虽然直流侧的输入电压 u_{in} 为二极管整流桥的输出电压 $|u_s|$，但电机并不从整流桥的输出吸收能量。因此，若采用图 3.9(b)所示的脉冲对应关系，则充分利用了直流链电容存储的能量，只利用了部分二极管整流

桥直接输出的能量。

为了充分利用二极管整流桥直接输出的能量，减小由直流链电容向电机提供的能量，应采用图 3.9(a)所示的脉冲对应关系。

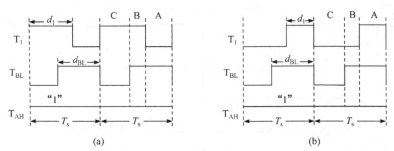

图 3.9　在区域 2，直流链功率管和逆变桥功率管的斩波脉冲存在的两种对应关系

综上所述，图 3.10 给出定频调制的电流控制方法下，不同区域内功率管 T_1 和 T_{BL} 斩波的示意图。

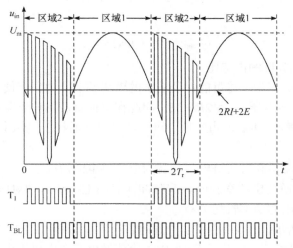

图 3.10　定频调制的电流控制方法下，功率管 T_1 和 T_{BL} 斩波的示意图

2) 直流链电容容量设计

下面根据区域 2 内直流链电容为电机提供的能量来设计所需的最小电容容量。设区域 2 持续的时间为 $2T_r$，其中 T_r 为交流电源电压 u_s 从 0 变化到 $2RI+2E$ 所需的时间，结合图 3.10 可得

$$T_r = \frac{\arcsin\left(\dfrac{2E + 2IR}{U_m}\right)}{2\pi f} \tag{3.8}$$

式中，U_m 为交流电源电压 u_s 的峰值；f 为交流电源的频率。

由于 $2RI+2E$ 随着电机运行工况的变化而变化，根据式(3.8)可知，在额定工况下，区域 2 持续的时间最长，此时电机运行所需的能量也最多，因此根据电机额定工况设计的直流链电容容量可以满足其在非额定工况下的运行需求。设额定工况下区域 2 的持续时间为 $2T_{rN}$，控制周期为 T_s，此时区域 2 经历的控制周期个数 H 为

$$H = \frac{2T_{rN}}{T_s} \tag{3.9}$$

为了保证电机运行所需的电压，区域 2 内电容电压 u_{cap} 应始终满足 $u_{cap} \geqslant 2RI_N+2E_N$ (I_N 和 E_N 分别为额定工况下的相电流和相反电动势幅值)，并且当电容电压在区域 2 结束时刻刚好降为 $2RI_N+2E_N$ 时，所需的直流链电容容量最小。假设在区域 2 内，电容电压从 U_m 线性下降到 $2RI_N+2E_N$，则第 h 个控制周期的电容电压 $u_{cap}(h)$ 表示为

$$u_{cap}(h) = U_m - \frac{U_m - (2RI_N + 2E_N)}{H} \cdot h \tag{3.10}$$

结合式(3.8)和式(3.9)可得第 h 个控制周期的 $|u_s(h)|$，即

$$|u_s(h)| = U_m \sin\left(2\pi f h T_s - \arcsin\frac{2RI_N + 2E_N}{U_m}\right) \tag{3.11}$$

由上述分析可知，当 $U_N \leqslant u_{cap} \leqslant U_m$ 时，直流链功率管 T_1 以占空比 d_1 进行斩波，二极管整流桥和直流链电容交替为电机供电；当 $2RI_N+2E_N \leqslant u_{cap} < U_N$ 时，功率管 T_1 恒通，此时只有直流链电容向电机提供能量。设电容电压从 U_m 下降到 U_N 所经历的控制周期数为 H_1，则由式(3.10)可得

$$H_1 = \frac{H(U_m - U_N)}{U_m - (2E_N + 2RI_N)} \tag{3.12}$$

综上可知，在区域 2 内，只有当 $0 \leqslant h \leqslant H_1$ 时，二极管整流桥才向电机提供能量，并且每个控制周期内提供的能量之和可表示为

$$W_s = \sum_{h=0}^{H_1} |u_s(h)| I_N T_s (1 - d_1(h)) \tag{3.13}$$

式中

$$d_1(h) = \frac{U_N - |u_s(h)|}{u_{cap}(h) - |u_s(h)|} \tag{3.14}$$

根据区域 2 内直流链电容电压的变化，可知其提供的最大能量为

$$W_c = 0.5C \left[U_m^2 - (2RI_N + 2E_N)^2 \right] \tag{3.15}$$

不考虑变流器损耗，二极管整流桥和直流链电容共同向电机提供的能量满足

$$W_c + W_s = 2T_{rN}I_N(2RI_N + 2E_N) \tag{3.16}$$

结合式(3.13)、式(3.15)和式(3.16)可知，所需的最小电容容量 C_{min} 为

$$C_{min} = \frac{2I_N T_{rN}(2RI_N + 2E_N) - T_s I_N \sum\limits_{h=0}^{H_1}(1 - d_1(h))|u_s(h)|}{0.5\left[U_m^2 - (2RI_N + 2E_N)^2\right]} \tag{3.17}$$

图 3.11 所示为定频调制的电流控制方法的结构图。图中整流级电压控制器根据 $|u_s|$ 和 $2RI+2E$ 的大小关系将每个整流周期分为两个区域，通过控制直流链功率管 T_1 的占空比，实现逆变桥直流输入电压的调节。电流环 PI 控制器的给定电流 i^* 由速度环输出或者上位机给定，采样相电流 i 作为控制器的反馈，通过输出逆变桥功率管的占空比实现给定电流的跟踪控制。

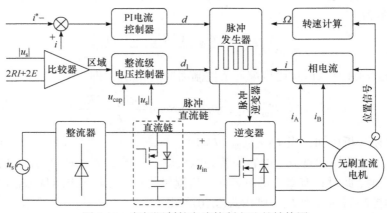

图 3.11　定频调制的电流控制方法的结构图

2. 不定频的滞环电流控制方法

定频调制的电流控制方法可以实现直流链采用小电容的无刷直流电机变流控制。但是，该方法需要两个控制器分别调节直流链功率管和逆变桥功率管的斩波占空比。本节统筹考虑直流链功率管和逆变桥功率管的开关状态对电机导通相线电压的影响，设计一种基于电压矢量选择的不定频滞环电流控制方法，进一步简化控制器结构[3]。

根据空间矢量理论，电压空间矢量通常可以表示为

$$V = \frac{2}{3}(u_A + u_B e^{j\frac{2\pi}{3}} + u_C e^{j\frac{4\pi}{3}}) \tag{3.18}$$

式中，u_A、u_B 和 u_C 分别为 A 相、B 相和 C 相的相电压。

由式(3.18)可知，对于电机三相电流连续的驱动方式，在开关状态一定时，三

相绕组的相电压也为确定值，此时三相相电压能够合成得到一个确定的电压空间矢量。而在两两导通方式下，任意时刻只有两相绕组导通，非导通相绕组的相电压不再是一个定值，而是时刻变化的，此时利用式(3.18)合成电压空间矢量时，只考虑导通相电压，不计入非导通相。

如图 3.8 所示，在 A^+B^- 模式下，根据功率管 T_1 和 T_{BL} 的开关状态对电机导通相线电压的影响，可以设计四种电压矢量，如表 3.2 所示。其中，变量 s_1、s_{AH}、s_{AL}、s_{BH}、s_{BL} 分别表示功率管 T_1、T_{AH}、T_{AL}、T_{BH}、T_{BL} 的开关状态，"1"代表功率管开通，"0"代表关断。

表 3.2　A^+B^- 模式下设计的四种电压矢量

电压矢量	u_{in}	u_{AB}	s_1	s_{AH}	s_{AL}	s_{BH}	s_{BL}	区域 1 i_A 变化	区域 2 i_A 变化
$V_R(01001)$	$\|u_s\|$	$\|u_s\|$	0	1	0	0	1	↑	↓
$V_C(11001)$	u_{cap}	u_{cap}	1	1	0	0	1	↑	↑
$V_{ZR}(01000)$	$\|u_s\|$	0	0	1	0	0	0	↓	↓
$V_{ZC}(11000)$	u_{cap}	0	1	1	0	0	0	↓	↓

在矢量 $V_R(01001)$ 作用下，二极管整流桥直接为电机供电，此时导通相线电压 $u_{AB} = |u_s|$，将其代入式(3.2)可得

$$\frac{di_A}{dt} + \frac{R}{L} i_A = \frac{|u_s| - 2E}{2L} \tag{3.19}$$

根据式(3.19)可得电流 i_A，即

$$i_A = \frac{|u_s| - 2E}{2R} + \left(i_{A0} - \frac{|u_s| - 2E}{2R} \right) e^{-\frac{t}{\tau}} \tag{3.20}$$

式中，$\tau = L/R$；i_{A0} 为电流 i_A 的初始值。

设 $i_{A0} = I > 0$，由式(3.20)可得电流变化率，即

$$\frac{di_A}{dt} = \frac{1}{\tau} \left(\frac{|u_s| - 2RI - 2E}{2R} \right) e^{-\frac{t}{\tau}} \tag{3.21}$$

由于一个控制周期的时间远小于时间常数 τ，可认为 $e^{-t/\tau} \approx 1$，因此式(3.21)可以化简为

$$\frac{di_A}{dt} \approx \frac{|u_s| - 2RI - 2E}{2L} \tag{3.22}$$

由于在区域 1 内 $|u_s| > 2RI + 2E$，在区域 2 内 $|u_s| \leqslant 2RI + 2E$，结合式(3.22)可得

$$\begin{cases} \left.\dfrac{\mathrm{d}i_\mathrm{A}}{\mathrm{d}t}\right|_{V_\mathrm{R}} \approx \dfrac{|u_\mathrm{s}| - 2RI - 2E}{2L} > 0, & \text{区域1} \\[3mm] \left.\dfrac{\mathrm{d}i_\mathrm{A}}{\mathrm{d}t}\right|_{V_\mathrm{R}} \approx \dfrac{|u_\mathrm{s}| - 2RI - 2E}{2L} < 0, & \text{区域2} \end{cases} \tag{3.23}$$

即区域 1 内，在矢量 V_R 作用下，相电流将增加；区域 2 内，在矢量 V_R 作用下，相电流将减小。

在矢量 V_C(11001)作用下，直流链电容为电机供电，此时导通相线电压 $u_\mathrm{AB}=u_\mathrm{cap}$。由上述分析可知，通过设计直流链电容容量可以满足 $u_\mathrm{cap}>2RI+2E$，因此不论在区域 1 还是区域 2，在矢量 V_C 作用下，相电流均增加，即

$$\left.\frac{\mathrm{d}i_\mathrm{A}}{\mathrm{d}t}\right|_{V_\mathrm{C}} \approx \frac{u_\mathrm{cap} - 2RI - 2E}{2L} > 0, \quad \text{区域1和区域2} \tag{3.24}$$

同理，在矢量 V_ZR(01000)和矢量 V_ZC(11000)作用下，电机既不从二极管整流桥吸收能量，也不从直流链电容吸收能量，此时导通相线电压 $u_\mathrm{AB}= 0$。因此，不论在区域 1 还是区域 2，矢量 V_ZR 和矢量 V_ZC 作用时，相电流均减小，即

$$\begin{cases} \left.\dfrac{\mathrm{d}i_\mathrm{A}}{\mathrm{d}t}\right|_{V_\mathrm{ZR}} \approx \dfrac{-2RI - 2E}{2L} < 0, & \text{区域1和区域2} \\[3mm] \left.\dfrac{\mathrm{d}i_\mathrm{A}}{\mathrm{d}t}\right|_{V_\mathrm{ZC}} \approx \dfrac{-2RI - 2E}{2L} < 0, & \text{区域1和区域2} \end{cases} \tag{3.25}$$

由上述分析可知，不同电压矢量作用下相电流的变化趋势不同，根据给定电流和实际反馈电流的偏差选择合适的电压矢量，可以实现电流跟踪控制。下面仍然遵循区域 1 中二极管整流桥直接供电，区域 2 中二极管整流桥和直流链电容交替供电的设计原则，构建滞环电流控制器。其结构图如图 3.12 所示。其中，在区域 1，滞环控制器的矢量集包括 V_R(01001)和 V_ZR(01000)；在区域 2，滞环控制器的矢量集包括 V_R(01001)和 V_C(11001)。

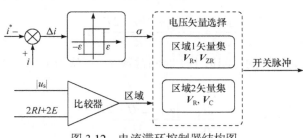

图 3.12　电流滞环控制器结构图

以区域 2 为例，当电流偏差 $\Delta i > \varepsilon(\varepsilon \geqslant 0)$时，滞环控制器的输出 $\sigma =1$，此时选

择电压矢量 V_R 用于减小相电流；当 $\Delta i < -\varepsilon$ 时，滞环控制器的输出 $\sigma = -1$，此时选择电压矢量 V_C 用于增加相电流；当 $-\varepsilon \leqslant \Delta i \leqslant \varepsilon$ 时，滞环控制器输出保持不变。根据以上控制规则，可在环宽 2ε 范围内实现相电流 i 对参考电流 i^* 的跟踪。

此外，根据不同区域的矢量集可知，在区域 1 中，直流链功率管 T_1 恒关断，逆变桥功率管 T_{AH} 恒通、T_{BL} 以不定频率斩波；在区域 2 中，直流链功率管 T_1 以不定频率斩波，逆变桥功率管 T_{AH} 和 T_{BL} 恒通。图 3.13 所示为不定频的滞环电流控制方法下，不同区域内功率管 T_1 和 T_{BL} 斩波的示意图。对比图 3.10 可知，区域 1 内，在定频调制的电流控制方法和不定频的滞环电流控制方法下，功率管 T_1 均关断，T_{BL} 进行斩波；区域 2 内，在定频调制的电流控制方法下，功率管 T_1 和 T_{BL} 均进行斩波，而在不定频的滞环电流控制方法下，T_{BL} 恒通，只有 T_1 斩波。因此，相比于定频调制的电流控制方法，不定频的滞环电流控制方法不仅可以实现直流链采用小电容的无刷直流电机变流控制，还可以降低变流器功率管的总开关次数。

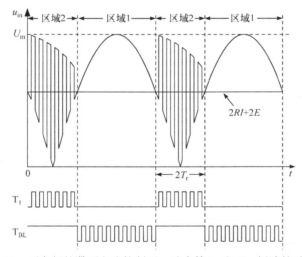

图 3.13　不定频的滞环电流控制下，功率管 T_1 和 T_{BL} 斩波的示意图

在相同直流链电容容量的条件下 ($C = 9.2\mu F$)，图 3.14(a) 和图 3.14(b) 分别给出额定工况下不定频的滞环电流控制方法和传统的减小直流链电容容量的控制方法的实验结果。在传统控制方法下，区域 1 内由二极管整流桥直接为电机供电，区域 2 内由直流链电容为电机供电。

如图 3.14(a) 所示，在额定工况下，$|u_s|$ 低于 185V 时 (对于实验电机 $2RI_N + 2E_N = 185V$)，滞环电流控制器切换使用区域 2 的矢量集，此时逆变桥直流输入电压 u_{in} 的包络线由两部分构成，上半部分为电容电压 u_{cap}，下半部分为整流桥输出电压 $|u_s|$。上述实验结果表明，采用所设计的不定频的滞环电流控制方法，在区域 2 可以实现二极管整流桥和直流链电容交替为电机供电。此外，在区域 2，始终满足

$u_{cap} \geqslant 185V$，电机相电流基本维持平稳。

　　如图 3.14(b)所示，对于传统的控制方法，进入区域 2 后，只有直流链电容为电机供电，此时直流侧输入电压 $u_{in}=u_{cap}$，并且在区域 2 结束时刻，直流链电容电压 $u_{cap} = 150V < 185V$。上述实验结果表明，对于传统的控制方法，电容容量 $C = 9.2\mu F$ 时，电容存储的能量在区域 2 不足以维持电机的正常运行。换言之，若采用传统的控制方法，需要使用大于 $9.2\mu F$ 的直流链电容。

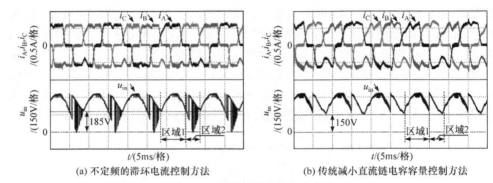

(a) 不定频的滞环电流控制方法　　　　　　　(b) 传统减小直流链电容容量控制方法

图 3.14　额定工况下的实验结果

3.3　逆变级变流控制技术

　　六开关三相桥式逆变电路是无刷直流电机系统中常用的一种驱动电路。若进一步减少逆变桥中功率器件的数量，则可以改善系统的成本和体积。本节以四开关三相逆变器为基础，介绍一种抑制电流畸变的无刷直流电机控制方法。在此基础上，设计一种基于升压型五开关逆变器的电流控制方法。

3.3.1　四开关逆变器

　　四开关逆变器以其开关器件少、硬件电路简单等优点大大降低了系统成本。如图 3.15 所示，在四开关逆变器驱动的无刷直流电机系统中，逆变器的 C 相桥臂由一组串联电容 C_1 和 C_2 代替，C 相绕组连接在串联电容中点 M 上。图中所示的箭头方向表示三相电流的正方向。

　　为了实现无刷直流电机方波电流驱动，需要根据不同区间内绕组的导通模式，控制四开关逆变器中功率器件的开关状态。表 3.3 所示为电动状态下不同区间内的导通模式及所控制的功率器件。其中，在 A^+B^- 和 B^+A^- 模式下，控制两个功率器件动作，在其他模式下只控制一个功率器件动作。为便于分析，定义电压矢量 $V(s_{AH}\,s_{AL}\,s_{BH}\,s_{BL})$，变量 s_{AH}、s_{AL}、s_{BH}、s_{BL} 分别表示功率管 T_{AH}、T_{AL}、T_{BH}、T_{BL} 的开关状态。根据逆变器中四个功率管的开关状态组合，设计七种电压矢量，分

别为 $V_1(1001)$、$V_2(1000)$、$V_3(0010)$、$V_4(0110)$、$V_5(0100)$、$V_6(0001)$ 和 $V_0(0000)$。

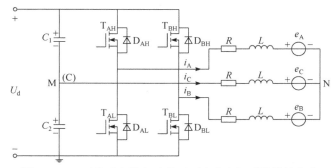

图 3.15　四开关逆变器驱动的无刷直流电机系统等效电路

表 3.3　不同区间内的导通模式及所控制的功率器件(电动状态)

区间	导通模式	期望电流	所控制的器件
I	A⁺B⁻	$i_C = 0$	T_{AH}, T_{BL}
II	A⁺C⁻	$i_B = 0$	T_{AH}
III	B⁺C⁻	$i_A = 0$	T_{BH}
IV	B⁺A⁻	$i_C = 0$	T_{AL}, T_{BH}
V	C⁺A⁻	$i_B = 0$	T_{AL}
VI	C⁺B⁻	$i_A = 0$	T_{BL}

　　由表 3.3 可知，在 A⁺B⁻ 和 B⁺A⁻ 模式下，期望 C 相电流值为零。实际上，在四开关逆变器驱动的无刷直流电机系统中，受 C 相反电动势的影响，若仍然采用传统的调制方式，则 C 相绕组中有电流流过，三相电流会出现畸变。下面以传统的双极性调制方式为例，分析 C 相反电动势导致的相电流畸变问题。

　　采用传统的双极性调制方式时，不同导通模式下的作用矢量如表 3.4 所示。

表 3.4　四开关逆变器采用双极性调制方式时，不同导通模式下的作用矢量

导通模式	作用矢量
A⁺B⁻	V_1, V_0
A⁺C⁻	V_2, V_0
B⁺C⁻	V_3, V_0
B⁺A⁻	V_4, V_0
C⁺A⁻	V_5, V_0
C⁺B⁻	V_6, V_0

　　表中双极性调制方式下四个功率器件的开关状态可由图 3.16 进一步说明。

以导通模式 A⁺B⁻为例，在每个控制周期内，只有矢量 V_1 和 V_0 作用，功率管 T_{AH} 和 T_{BL} 同时开通或关断。设 V_1 作用时 $\rho_1 = 1$，V_0 作用时 $\rho_1 = -1$，得到的三相电压方程为

$$\begin{cases} u_{AM} = \dfrac{\rho_1}{2}U_d = Ri_A + L\dfrac{di_A}{dt} + e_A + u_{NM} \\[2mm] u_{BM} = -\dfrac{\rho_1}{2}U_d = Ri_B + L\dfrac{di_B}{dt} + e_B + u_{NM} \\[2mm] u_{CM} = 0 = Ri_C + L\dfrac{di_C}{dt} + e_C + u_{NM} \end{cases} \tag{3.26}$$

式中，u_{AM}、u_{BM} 和 u_{CM} 为各绕组端点与电容中点之间的电压；u_{NM} 为电机三相绕组中点与电容中点之间的电压。

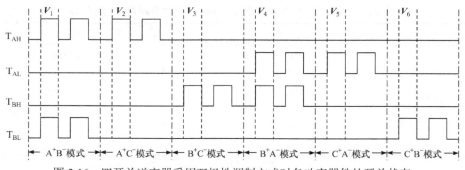

图 3.16　四开关逆变器采用双极性调制方式时各功率器件的开关状态

假设反电动势为理想梯形波，则 $e_A = -e_B = E$，将式(3.26)中的三式相加，可得

$$u_{NM} = -\frac{1}{3}e_C \tag{3.27}$$

按照式(3.19)~式(3.22)的分析过程，根据式(3.26)和式(3.27)，C 相电流的变化率可表示为

$$\frac{di_C}{dt} \approx -\frac{2e_C + 3Ri_{C0}}{3L} \tag{3.28}$$

式中，i_{C0} 为电流 i_C 的初始值。

由式(3.28)可知，在 A⁺B⁻模式下，即使 C 相电流的初始值 $i_{C0}=0$，但是 C 相反电动势不为零，从而导致 C 相电流有正向或负向变化的趋势。也就是说，在 A⁺B⁻模式下，不论矢量 V_1 还是矢量 V_0 作用，受 C 相反电动势影响，C 相绕组与其他两相绕组之间会产生环流，引起电流畸变。同理，在 B⁺A⁻模式下，可以得到相同的分析结果。因此，表 3.4 所示的传统双极性调制方式不再适用于四开关逆变器驱动的无刷直流电机系统。需要指出的是，为了简化分析过程，假设反电动势为

理想梯形波，但实际上对于非理想反电动势，上述推导过程和分析仍然适用。此时，在 A⁺B⁻和 B⁺A⁻模式下，$e_A+e_B \neq 0$，但 C 相反电动势仍是引起电流畸变的主要原因。

为了实现四开关逆变器驱动的无刷直流电机变流控制，有效抑制 C 相反电动势引起的电流畸变是关键。下面介绍一种三矢量调制的电流控制方法。该方法在传统双极性调制方式的基础上，通过在每个控制周期内插入调节矢量来控制 C 相电流平均值收敛于零[4,5]。

1. 不同矢量对电流的影响分析

在 A⁺B⁻和 B⁺A⁻模式下，为了控制 C 相电流平均值收敛于零、抑制三相电流畸变，首先分析不同矢量对相电流变化趋势的影响。在 A⁺B⁻模式下，矢量 V_1、V_2、V_6 作用时的电流流向示意图如图 3.17 所示，图中实线箭头表示电流的实际流向，虚线箭头表示 C 相电流的变化趋势。

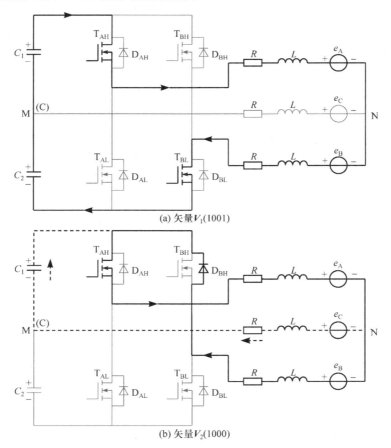

(a) 矢量 V_1(1001)

(b) 矢量 V_2(1000)

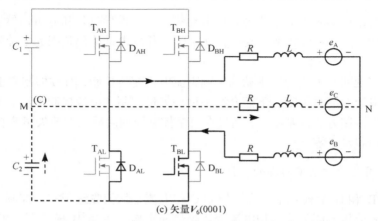

(c) 矢量V_6(0001)

图 3.17   A⁺B⁻模式下不同矢量作用时电流流向示意图

如图 3.17 所示，当矢量 V_1 作用时，电流由 A 相绕组流向 B 相绕组，A、B 两相绕组的电流幅值有增大的趋势；当矢量 V_2 作用时，A、B 两相绕组之间的电流通过功率管 T_{AH} 和二极管 D_{BH} 续流，A、B 两相绕组的电流幅值有减小的趋势，同时 A、C 两相绕组通过电容 C_1 和功率管 T_{AH} 形成回路，i_C 有负向变化的趋势；当矢量 V_6 作用时，A、B 两相绕组之间的电流通过功率管 T_{BL} 和二极管 D_{AL} 续流，A、B 两相绕组的电流幅值有减小的趋势，同时 B、C 两相绕组通过电容 C_2 和功率管 T_{BL} 形成回路，i_C 有正向变化的趋势。从上述分析可以看出，矢量 V_2 和 V_6 作用时，对 A、B 两相电流的影响而言，其作用相当于矢量 V_0，但是矢量 V_2 和 V_6 对 C 相电流的作用效果却截然相反。因此，在 A⁺B⁻模式下，可以用矢量 V_2 和 V_6 替代传统的双极性调制方式中的矢量 V_0，一方面配合矢量 V_1 实现 A、B 相电流调节，另一方面控制 C 相电流平均值收敛于零。

在 B⁺A⁻模式下，矢量 V_4、V_3 和 V_5 作用时的电流流向示意图如图 3.18 所示。

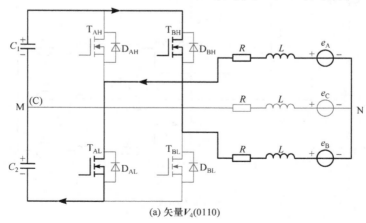

(a) 矢量V_4(0110)

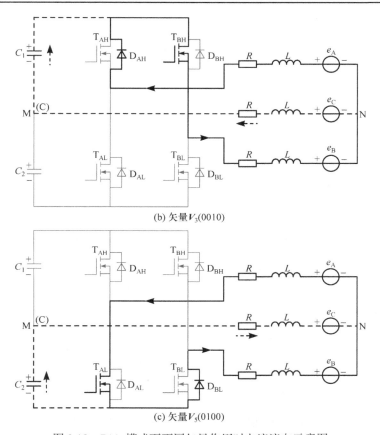

(b) 矢量 V_3(0010)

(c) 矢量 V_5(0100)

图 3.18　B$^+$A$^-$模式下不同矢量作用时电流流向示意图

如图 3.18 所示，当矢量 V_4 作用时，电流由 B 相绕组流向 A 相绕组，A、B 两相绕组的电流幅值有增大的趋势；当矢量 V_3 作用时，A、B 两相绕组之间的电流通过功率管 T$_{BH}$ 和二极管 D$_{AH}$ 续流，A、B 两相绕组的电流幅值有减小的趋势，同时 B、C 两相绕组通过电容 C_1 和功率管 T$_{BH}$ 形成回路，i_C 有负向变化的趋势；当矢量 V_5 作用时，A、B 两相绕组之间的电流通过功率管 T$_{AL}$ 和二极管 D$_{BL}$ 续流，A、B 两相绕组的电流幅值有减小的趋势，同时 A、C 两相绕组通过电容 C_2 和功率管 T$_{AL}$ 形成回路，i_C 有正向变化的趋势。从上述分析可以看出，矢量 V_3 和 V_5 作用时，对 A、B 两相电流的影响而言，其作用相当于矢量 V_0，但是矢量 V_3 和 V_5 对 C 相电流的作用效果却截然相反。因此，在 B$^+$A$^-$模式下，可以用矢量 V_3 和 V_5 替代传统的双极性调制方式中的矢量 V_0，一方面配合矢量 V_4 实现 A、B 相电流调节，另一方面控制 C 相电流平均值收敛于零。

2. 三矢量调制策略设计

在 A^+B^- 和 B^+A^- 模式下，为了抑制 C 相反电动势引起的电流畸变，根据不同矢量对 C 相电流作用效果的不同，设计一种三矢量调制策略[6]。在介绍具体的调制策略之前，首先根据 C 相电流的方向，将第 I 区间内的 A^+B^- 模式进一步分成两个子模式，将第 IV 区间内的 B^+A^- 模式也分成两个子模式。区间 I 和区间 IV 内导通模式划分如表3.5 所示。

表 3.5　区间 I 和区间 IV 内导通模式划分

A^+B^- 模式		B^+A^- 模式	
$i_C > 0$	$i_C < 0$	$i_C > 0$	$i_C < 0$
A^+B^- 模式(a)	A^+B^- 模式(b)	B^+A^- 模式(a)	B^+A^- 模式(b)

在不同子模式下，每个控制周期内，用两个对 C 相电流具有相反作用效果的电压矢量替代传统双极性调制方式中的矢量 V_0，可以得到三矢量调制策略矢量表。具体如表 3.6 所示。

表 3.6　A^+B^- 和 B^+A^- 模式下，三矢量调制策略矢量表

A^+B^- 模式(a)	A^+B^- 模式(b)	B^+A^- 模式(a)	B^+A^- 模式(b)
V_1, V_2, V_6	V_1, V_2, V_6	V_4, V_3, V_5	V_4, V_3, V_5

为了分析方便，在 A^+B^- 和 B^+A^- 模式下，将 V_1 与 V_4 称为主矢量，V_2、V_6、V_3 和 V_5 称为调节矢量，基于四开关逆变器的三矢量调制策略示意图如图 3.19 所示。

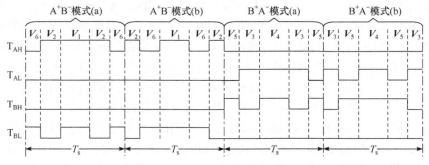

图 3.19　在 A^+B^- 和 B^+A^- 模式下，基于四开关逆变器的三矢量调制策略示意图

以 A^+B^- 模式为例，设主矢量 V_1 的占空比为 d_m。结合图 3.19，具体分析三矢量调制策略的原理。

(1) 取阈值 I_{th} 为一接近于零的正小常数，当 $|i_C| \leqslant I_{th}$ 时，每个控制周期 T_s 内，令调节矢量 V_2 和 V_6 的占空比相等且为 $(1-d_m)/2$，使 C 相电流平均值继续保持在零附近的区域。

(2) 当 $i_C > I_{th}$ 时，每个控制周期 T_s 内，控制矢量 V_2 的占空比大于矢量 V_6 的占空比，即令 V_2 的占空比为 $(1-d_m)/2+d_c$、V_6 的占空比为 $(1-d_m)/2-d_c$，其中 d_c 为补偿占空比。与 V_6 相比，由于调节矢量 V_2 的作用时间较长，i_C 开始减小，使其平均值向零附近的区域收敛。

(3) 当 $i_C < -I_{th}$ 时，每个控制周期 T_s 内，控制矢量 V_6 的占空比大于矢量 V_2 的占空比，即令 V_6 占空比为 $(1-d_m)/2+d_c$、V_2 的占空比为 $(1-d_m)/2-d_c$。与 V_2 相比，由于调节矢量 V_6 的作用时间较长，i_C 开始增大，使其平均值向零附近的区域收敛。

同理，在 B$^+$A$^-$ 模式下，分三种情况对三矢量调制策略进行分析。

(1) 当 $|i_C| \leqslant I_{th}$ 时，每个控制周期 T_s 内，令调节矢量 V_3 和 V_5 的占空比相等且为 $(1-d_m)/2$，使 C 相电流平均值继续保持在零附近的区域。

(2) 当 $i_C > I_{th}$ 时，每个控制周期 T_s 内，控制矢量 V_3 的占空比大于矢量 V_5 的占空比，即令 V_3 的占空比为 $(1-d_m)/2+d_c$、V_5 的占空比为 $(1-d_m)/2-d_c$。与 V_5 相比，由于调节矢量 V_3 的作用时间较长，i_C 开始减小，使其平均值向零附近的区域收敛。

(3) 当 $i_C < -I_{th}$ 时，每个控制周期 T_s 内，控制矢量 V_5 的占空比大于矢量 V_3 的占空比，即令 V_5 占空比为 $(1-d_m)/2+d_c$、V_3 的占空比为 $(1-d_m)/2-d_c$。与 V_3 相比，由于调节矢量 V_5 的作用时间较长，i_C 开始增大，使其平均值向零附近的区域收敛。

由上述分析可知，在 A$^+$B$^-$ 和 B$^+$A$^-$ 模式下，三矢量调制策略本质上是利用不同电压矢量对电流的作用效果不同，通过调节不同矢量的作用时间抑制 C 相反电动势引起的电流畸变。

3. 矢量作用占空比分析

在三矢量调制策略下，合理确定每个控制周期内各矢量作用的占空比是实现电流控制的重要环节。下面以 A$^+$B$^-$ 模式为例，从控制策略稳定性的角度出发，分析三矢量调制策略中补偿占空比 d_c 的取值范围。

令矢量 V_2 作用时 $\rho_2 = 1$，矢量 V_6 作用时 $\rho_2 = -1$，则 V_2 和 V_6 作用时，三相绕组电压方程可表示为

$$
\begin{cases}
u_{AM} = \dfrac{\rho_2}{2}U_d = Ri_A + L\dfrac{di_A}{dt} + e_A + u_{NM} \\[2mm]
u_{BM} = \dfrac{\rho_2}{2}U_d = Ri_B + L\dfrac{di_B}{dt} + e_B + u_{NM} \\[2mm]
u_{CM} = 0 = Ri_C + L\dfrac{di_C}{dt} + e_C + u_{NM}
\end{cases}
\tag{3.29}
$$

将式(3.29)的三式相加可得

$$u_{NM} = \frac{1}{3}\rho_2 U_d - \frac{1}{3}e_C \tag{3.30}$$

在 A^+B^- 模式下，矢量 V_1、V_2、V_6 作用。在 A^+B^- 子模式(a)下，设每个控制周期内，V_1 的占空比为 d_m，V_2 的占空比为 $(1-d_m)/2+d_c$，V_6 的占空比为 $(1-d_m)/2-d_c$；在 A^+B^- 子模式(b)下，矢量 V_2 和 V_6 的占空比与 A^+B^- 子模式(a)相反。

在 A^+B^- 子模式(a)下，根据式(3.29)的第 3 式，可得每个控制周期内 C 相平均电压方程为

$$\alpha_1 i_C + \beta_1 \frac{di_C}{dt} + \gamma_1 e_C + d_c = 0 \tag{3.31}$$

式中，$\alpha_1 = \dfrac{3R}{2U_d}$；$\beta_1 = \dfrac{3L}{2U_d}$；$\gamma_1 = \dfrac{1}{U_d}$。

同理，在 A^+B^- 子模式(b)下，每个控制周期内 C 相平均电压方程为

$$\alpha_1 i_C + \beta_1 \frac{di_C}{dt} + \gamma_1 e_C - d_c = 0 \tag{3.32}$$

结合式(3.31)和式(3.32)可知，在 A^+B^- 模式下，每个控制周期内 C 相平均电压方程可表示为

$$\alpha_1 i_C + \beta_1 \frac{di_C}{dt} + \gamma_1 e_C + \mathrm{sgn}(i_C)d_c = 0 \tag{3.33}$$

由式(3.33)得到的 C 相电流的变化率为

$$\frac{di_C}{dt} = -\frac{\alpha_1}{\beta_1}i_C - \frac{\gamma_1}{\beta_1}e_C - \frac{d_c}{\beta_1}\mathrm{sgn}(i_C) \tag{3.34}$$

在 A^+B^- 模式下，C 相电流的参考值 $i_C^* = 0$，定义 e 为 C 相绕组实际电流与参考电流之间的误差，即

$$e = i_C - i_C^* \tag{3.35}$$

为了抑制 C 相反电动势引起的电流畸变，期望通过不同矢量的共同作用使 C 相电流误差 e 收敛于零。下面从控制策略稳定性出发，分析补偿占空比 d_c 需要满足的约束条件。

选择 Lyapunov 方程为

$$V = \frac{1}{2}e^2 = \frac{1}{2}i_C^2 \tag{3.36}$$

对 V 求导，可得

$$\frac{\mathrm{d}V}{\mathrm{d}t} = i_C \frac{\mathrm{d}i_C}{\mathrm{d}t}$$

$$= i_C \left(-\frac{\alpha_1}{\beta_1} i_C - \frac{\gamma_1}{\beta_1} e_C - \frac{d_c}{\beta_1} \mathrm{sgn}(i_C) \right)$$

$$= -\frac{\alpha_1}{\beta_1} i_C{}^2 - i_C \left(\frac{\gamma_1}{\beta_1} e_C + \frac{d_c}{\beta_1} \mathrm{sgn}(i_C) \right) \qquad (3.37)$$

若满足以下条件,即

$$\begin{cases} \dfrac{\gamma_1}{\beta_1} e_C + \dfrac{d_c}{\beta_1} > 0, & i_C > 0 \\[2mm] \dfrac{\gamma_1}{\beta_1} e_C - \dfrac{d_c}{\beta_1} < 0, & i_C < 0 \end{cases} \qquad (3.38)$$

即选取

$$\max\left\{\gamma_1 \,|\, e_C \,|\right\} \leqslant d_c < 1 \qquad (3.39)$$

则在整个速度范围内能够满足

$$\frac{\mathrm{d}V}{\mathrm{d}t} < 0 \qquad (3.40)$$

从而保证 C 相电流误差能够稳定收敛于零。

由式(3.39)可知,补偿占空比 d_c 的取值范围与 C 相反电动势幅值大小有关。为了控制 C 相电流误差 e 收敛于零,利用比例型电流控制器计算 d_c。给定常数 $K_p > 0$,d_c 可以由以下公式确定,即

$$d_c = \frac{|e|}{K_p} \qquad (3.41)$$

由式(3.41)可以看出,在 K_p 一定的条件下,d_c 随着电流误差 e 大小的变化而变化。其中,K_p 的取值在满足式(3.39)的前提下,还要综合考虑电流的动态响应和稳态性能。

综上所述,在 A$^+$B$^-$ 和 B$^+$A$^-$ 模式下,为了控制 A、B 两相电流跟踪参考电流,同时控制 C 相电流平均值收敛于零,采用三矢量调制策略。其中主矢量的占空比 d_m 采用滑模变结构控制器获得,具体设计过程可参照 4.1.2 节内容;补偿占空比 d_c 通过简单的比例控制器获得,在计算得到 d_c 后,进一步可以得到不同模式下调节矢量的占空比。另外,在其他四种导通模式 A$^+$C$^-$、B$^+$C$^-$、C$^+$A$^-$、C$^+$B$^-$ 下,仍然采用表3.4所示的两矢量调制策略。根据控制器的输出占空比,以及不同导通模式下的矢量表,控制逆变器中四个功率器件的导通状态,从而实现电流控制。图3.20 所示为四开关逆变器驱动的无刷直流电机变流控制策略框图。

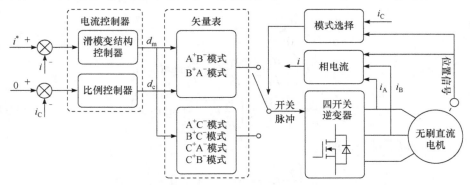

图 3.20　四开关逆变器驱动的无刷直流电机变流控制策略框图

3.3.2　五开关逆变器

上节重点介绍了一种四开关逆变器驱动的无刷直流电机变流控制策略。相比于六开关三相逆变器,四开关三相逆变器对直流侧电压的利用率只有一半,当电机额定运行时,逆变器直流侧电压需要达到电机额定电压的二倍。特别是,在低电压供电的应用场合,通常需要独立的升压变换器来升高直流侧电压。针对上述问题,本节将传统的升压变换器与四开关三相逆变器有机结合,设计一种升压型的五开关三相逆变器拓扑结构。基于该逆变器拓扑结构,介绍一种无刷直流电机变流控制方法,以拓展电机在低压供电场合的带载能力和调速范围[7]。

图 3.21 所示为升压型五开关逆变器驱动的无刷直流电机系统等效电路。相比于四开关逆变器,升压型的五开关逆变器在直流侧增加了一个电感 L_1 和一个二极管 D_1,C 相桥臂由一组串联电容和一个可控的功率管 T_C 构成。下面结合五开关逆变器的结构特点,对不同导通模式下的调制策略进行说明。

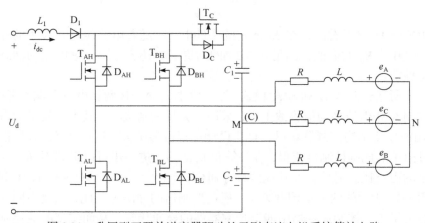

图 3.21　升压型五开关逆变器驱动的无刷直流电机系统等效电路

1. A⁺B⁻和 B⁺A⁻模式

与四开关逆变器驱动的无刷直流电机系统相似，在五开关逆变器驱动的无刷直流电机系统中，C 相反电动势同样会对三相电流产生负面影响。由图 3.21 可知，在 A⁺B⁻和 B⁺A⁻模式下，当功率管 T_C 开通时，五开关逆变器的等效电路与四开关逆变器相似，此时仍然可以采用 3.3.1 节介绍的三矢量调制策略抑制 C 相反电动势引起的电流畸变。根据升压型的五开关逆变器中功率管的开关状态，在 A⁺B⁻和 B⁺A⁻模式下，定义六个电压矢量，分别为 $V_{b1}(10011)$、$V_{b2}(10001)$、$V_{b3}(00101)$、$V_{b4}(01101)$、$V_{b5}(01001)$、$V_{b6}(00011)$，其中每个矢量中的逻辑值从左至右分别表示功率管 T_{AH}、T_{AL}、T_{BH}、T_{BL}、T_C 的开关状态。

为了实现 A、B 两相电流跟踪参考电流同时控制 C 相电流平均值收敛于零，按照 3.3.1 节的分析思路可知，当导通模式为 A⁺B⁻时，主矢量为 $V_{b1}(10011)$，调节矢量为 $V_{b2}(10001)$ 和 $V_{b6}(00011)$。其中，在 A⁺B⁻子模式(a)下，矢量 V_{b1} 的占空比为 d_m，矢量 V_{b2} 的占空比为 $(1-d_m)/2+d_c$，矢量 V_{b6} 的占空比为 $(1-d_m)/2-d_c$；在 A⁺B⁻子模式(b)下，V_{b2} 和 V_{b6} 的占空比与 A⁺B⁻子模式(a)相反。同理，当导通模式为 B⁺A⁻时，主矢量为 $V_{b4}(01101)$，调节矢量为 $V_{b3}(00101)$ 和 $V_{b5}(01001)$。其中，在 B⁺A⁻子模式(a)下，矢量 V_{b4} 的占空比为 d_m，矢量 V_{b3} 的占空比为 $(1-d_m)/2+d_c$，矢量 V_{b5} 的占空比为 $(1-d_m)/2-d_c$；在 B⁺A⁻子模式(b)下，V_{b3} 和 V_{b5} 的占空比与 B⁺A⁻子模式(a)相反。图 3.22 所示为 A⁺B⁻和 B⁺A⁻模式下，基于五开关逆变器的三矢量调制策略的示意图。

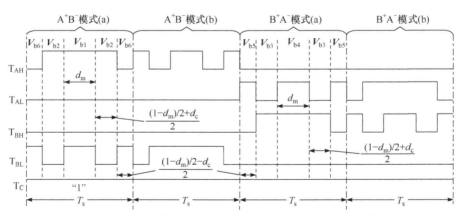

图 3.22 在 A⁺B⁻和 B⁺A⁻模式下，基于五开关逆变器的三矢量调制策略示意图

2. C⁺A⁻和 C⁺B⁻模式

对于升压型的五开关逆变器驱动的无刷直流电机系统，在 A⁺B⁻和 B⁺A⁻模式下采用三矢量调制策略能够抑制 C 相反电动势引起的电流畸变，控制三相电流近

似为方波。在低电压供电的应用场合，为了拓宽电机的调速范围和带载能力，在 C^+A^- 和 C^+B^- 模式下设计一种升压三矢量调制策略，以升高电容 C_1 和 C_2 两端的电压，进而提高五开关逆变器对直流电压的利用率。

在 C^+A^- 模式下，定义三个电压矢量，分别为 $V_{b7}(11000)$、$V_{b8}(01000)$、$V_{b0}(00000)$。通过三个矢量的共同作用升高电容电压。如图 3.23(a)所示，矢量 $V_{b7}(11000)$ 作用时，有两个电流回路：第一个电流回路是 A、C 两相绕组与电容 C_2 之间，C_2 通过功率管 T_{AL} 为电机提供能量，A、C 两相绕组的电流幅值有增大的趋势；第二个电流回路是电感和直流电源之间，功率管 T_{AH} 和 T_{AL} 直通，电感 L_1 储存能量。由于 V_{b7} 作用时出现直通回路，因此又称该矢量为直通矢量。如图 3.23(b)所示，矢量 $V_{b8}(01000)$ 作用时，仍然有两个电流回路：第一个电流回路仍然是在 A、C 两相绕组与电容 C_2 之间，C_2 继续通过 T_{AL} 为电机提供能量，两相绕组电流继续增大；第二个电流回路是在直流电源、电感 L_1，以及 C 相桥臂电容之间，此时电感上储存的能量通过二极管 D_1，以及功率管 T_C 的反并联二极管 D_C 转移到电容 C_1 和 C_2 上，使电容两端的电压升高。如图 3.23(c)所示，矢量 $V_{b0}(00000)$ 作用时，有两个

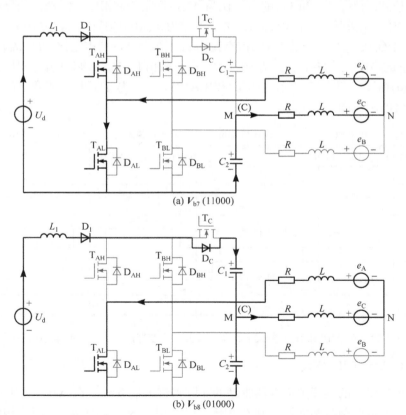

(a) V_{b7} (11000)

(b) V_{b8} (01000)

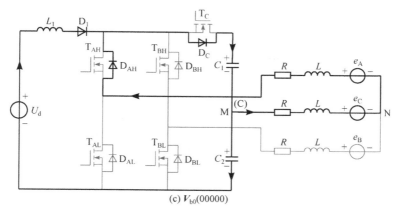

图 3.23　在 C⁺A⁻模式下，不同矢量作用时的等效电路

电流回路：第一个回路是 A、C 两相绕组之间，此时 A、C 两相绕组的电流通过二极管 D_{AH} 和 D_C 续流，且电流幅值有减小的趋势；第二个电流回路是在直流电源、电感 L_1，以及 C 相桥臂电容之间，此时电感上储存的能量继续通过二极管 D_1 和 D_C 转移到电容 C_1 和 C_2 上，使电容两端的电压升高。

　　此外，由于矢量 V_{b7} 和 V_{b8} 作用时，A、C 两相绕组的电流幅值均有增大的趋势；矢量 V_{b0} 作用时，A、C 两相绕组的电流幅值有减小的趋势，因此通过合理设定不同矢量作用的占空比，可以控制 A、C 两相电流跟踪参考电流。

　　同理，在 C⁺B⁻模式下，通过矢量 $V_{b9}(00110)$、$V_{b10}(00010)$、$V_{b0}(00000)$ 的共同作用升高电容电压。如图 3.24(a) 所示，矢量 $V_{b9}(00110)$ 作用时，有两个电流回路：第一个电流回路是 B、C 两相绕组与电容 C_2 之间，C_2 通过功率管 T_{BL} 为电机提供能量，B、C 两相绕组的电流幅值有增大的趋势；第二个电流回路是电感和直流电源之间，功率管 T_{BH} 和 T_{BL} 直通，电感 L_1 储能能量。由于 V_{b9} 作用时出现直通回路，因此又称该矢量为直通矢量。如图 3.24(b) 所示，矢量 $V_{b10}(00010)$ 作用时，仍然有两个电流回路，第一个电流回路是 B、C 两相绕组与电容 C_2 之间，C_2 继续通过功率管 T_{BL} 为电机提供能量，两相绕组电流继续增大；第二个电流回路是在直流电源、电感 L_1，以及 C 相桥臂电容之间，此时电感上储存的能量通过二极管 D_1 和 D_C 转移到电容 C_1 和 C_2 上，使电容两端的电压升高。如图 3.24(c) 所示，矢量 $V_{b0}(00000)$ 作用时，有两个电流回路：第一个回路是 B、C 两相绕组之间，此时 B、C 两相绕组的电流通过二极管 D_{BH} 和 D_C 续流，且电流幅值有减小的趋势；第二个电流回路是在直流电源、电感 L_1，以及 C 相桥臂电容之间，此时电感上储存的能量通过二极管 D_1 和 D_C 转移到电容 C_1 和 C_2 上，使电容两端的电压升高。

　　此外，由于矢量 V_{b9} 和 V_{b10} 作用时，B、C 两相绕组的电流幅值均有增大的趋势；矢量 V_{b0} 作用时，B、C 两相绕组的电流幅值有减小的趋势，因此通过合理设定不同矢量作用的占空比，可以控制 B、C 两相电流跟踪参考电流。

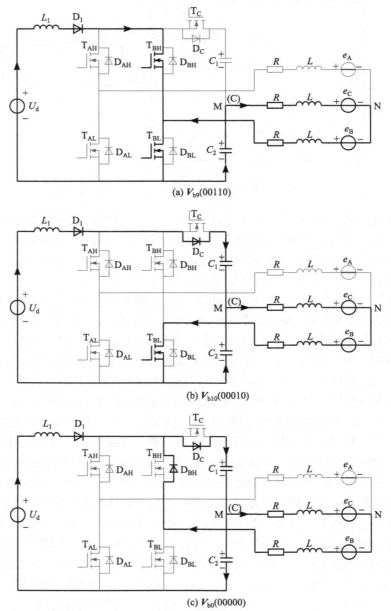

(a) $V_{b9}(00110)$

(b) $V_{b10}(00010)$

(c) $V_{b0}(00000)$

图 3.24　在 C⁺B⁻模式下，不同矢量作用时的等效电路

　　由上述分析可知，在 C⁺A⁻和 C⁺B⁻模式下，通过不同矢量的共同作用可以升高电容电压，同时实现电流控制。图 3.25 给出升压三矢量调制策略的示意图。

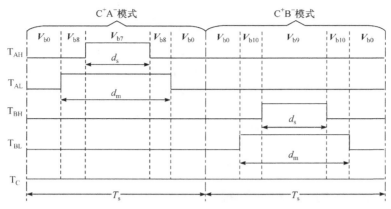

图 3.25　在 C$^+$A$^-$ 和 C$^+$B$^-$ 模式下，升压三矢量调制策略的示意图

如图 3.25 所示，在 C$^+$A$^-$ 模式下，矢量 V_{b7} 的占空比为 d_s，其大小取决于电容两端电压参考值与直流侧电源电压之比。功率管 T_{AL} 的占空比为 d_m，通过控制 d_m 使 A、C 两相绕组电流跟踪参考电流。同理，在 C$^+$B$^-$ 模式下，矢量 V_{b9} 的占空比为 d_s，其大小取决于电容两端电压参考值与直流侧电源电压之比。功率管 T_{BL} 的占空比为 d_m，通过控制 d_m 使 B、C 两相电流跟踪参考电流。

3. A$^+$C$^-$ 和 B$^+$C$^-$ 模式

在 A$^+$C$^-$ 模式下，通过两个电压矢量 V_{b2}(10001) 和 V_{b0}(00000) 的共同作用实现电流控制。其中，在矢量 V_{b2}(10001) 作用下，A、C 两相绕组的电流幅值有增大的趋势；在矢量 V_{b0}(00000) 作用下，A、C 两相绕组的电流幅值有减小的趋势。同理，在 B$^+$C$^-$ 模式下，通过电压矢量 V_{b3}(00101) 和 V_{b0}(00000) 的共同作用，可实现 B、C 两相绕组电流控制。

综上所述，在升压型的五开关逆变器驱动的无刷直流电机系统中，不同导通模式下的电压矢量组合不同，为了实现电流控制，需要确定各个矢量作用的占空比。其中，在 A$^+$B$^-$ 和 B$^+$A$^-$ 模式下三矢量作用的占空比，仍然采用滑模变结构控制器和比例控制器共同确定；在 A$^+$C$^-$ 和 B$^+$C$^-$ 模式下两矢量作用的占空比由滑模变结构控制器确定，其控制框图可参见图 3.20。在 C$^+$A$^-$ 和 C$^+$B$^-$ 模式下，除了利用滑模变结构控制器计算占空比 d_m，还需要知道直通矢量的占空比 $d_s(d_s \leqslant d_m)$ 以实现升压控制。需要说明的是，当电容两端的实际电压 U_c 小于参考电压 U_{ref}，即 $U_c < U_{ref}$ 时，直通矢量作用，当 $U_c \geqslant U_{ref}$ 时，直通矢量停止作用，即 $d_s=0$。

下面通过实验验证，进一步说明五开关逆变器驱动的无刷直流电机变流控制策略的可行性及有效性。其中，直流电源电压 U_d=15V，电容两端参考电压 U_{ref}=24V。

　　首先，说明 C 相反电动势对三相电流的影响。图 3.26 给出额定负载、转速 n_{ref}= 500r/min 条件下，采用传统的双极性调制方式时三相电流及功率管开关信号的实验波形。图 3.26(b)为 B⁺A⁻模式下局部放大的实验波形。在 B⁺A⁻模式下，C 相电流的期望值为零。然而，在传统的双极性调制方式下，受 C 相反电动势的影响，C 相绕组中有电流通过，三相电流出现畸变现象。

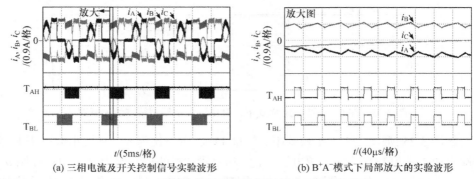

(a) 三相电流及开关控制信号实验波形　　　(b) B⁺A⁻模式下局部放大的实验波形

图 3.26　采用传统的双极性调制方式时的实验波形

　　图 3.27 为额定负载、转速 n_{ref}=1000r/min 条件下，采用升压控制的三矢量调制策略时三相电流及功率管开关信号的实验波形。图 3.27(b)所示为 A⁺B⁻模式下局部放大的实验波形。可以看出，采用升压控制的三矢量调制策略后，在 A⁺B⁻模式下，C 相电流平均值收敛于零，有效地抑制了 C 相反电动势引起的电流畸变。

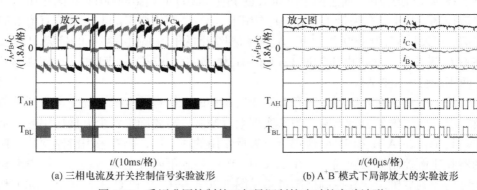

(a) 三相电流及开关控制信号实验波形　　　(b) A⁺B⁻模式下局部放大的实验波形

图 3.27　采用升压控制的三矢量调制策略时的实验波形

　　图 3.28 为额定负载，转速 n_{ref}=1000r/min 条件下，采用三矢量调制策略但不进行升压控制时的实验波形,所示波形从上至下依次为三相电流和电容两端电压。可以看出，受直流侧电源电压大小限制，控制器输出饱和，三相电流不能跟踪参考电流并出现畸变，使得输出转速难以跟踪参考转速。

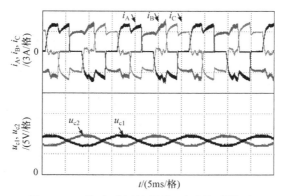

图 3.28　不加入升压控制的三矢量调制策略

作为对比，图 3.29 为额定负载，转速 n_{ref} = 1000 r/min 条件下，采用升压控制的三矢量调制策略时的实验波形，所示波形从上至下依次为三相电流和电容两端电压。可以看出，由于在 C^+A^- 和 C^+B^- 模式下插入直通矢量，即加入升压控制，C 相桥臂电容两端的电压升高，消除了控制器饱和现象，输出转速能够有效地跟踪参考转速，扩展了电机的调速范围。

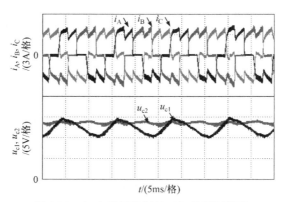

图 3.29　加入升压控制的三矢量调制策略

3.4　直流环节变流控制技术

在传统的无刷直流电机驱动电路中，逆变桥的直流输入电压通常为固定不变的恒值。然而，对于一些应用场合，通过引入 DC-DC 变换电路来改变逆变桥的直流输入电压，可以为无刷直流电机系统提供新的控制自由度。本节介绍两种基于 DC-DC 变换器的无刷直流电机变流控制方法。

3.4.1 Cuk 变换器

PAM 是实现无刷直流电机方波电流驱动的另一种重要的调制方式。在该调制方式下，逆变桥作为电子换向器，通过升降压电路调节逆变桥的直流输入电压来实现绕组电流控制[8]。Cuk 变换器作为一种基本的 DC-DC 变换电路，具有输入、输出电流连续，输出电压纹波小等优点。本节以升降压式的 Cuk 变换器为例，对 PAM 方式下的无刷直流电机变流控制进行分析。

图 3.30 所示为基于升降压式 Cuk 变换器的无刷直流电机系统等效电路。该系统由直流电源、Cuk 变换电路、三相桥式逆变电路和无刷直流电机构成。

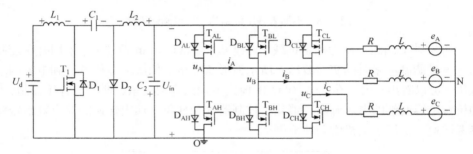

图 3.30 基于升降压式 Cuk 变换器的无刷直流电机系统等效电路

在电动状态下，以 A$^+$B$^-$导通模式为例，对 PAM 方式下逆变桥直流输入电压的调节过程进行分析。由图 3.1 可知，为了实现无刷直流电机方波电流驱动，需要根据位置传感器信号依次控制逆变桥功率管的导通状态。在 PAM 方式下，由于逆变桥只作为电子换向器，不进行高频斩波，因此在 A$^+$B$^-$模式下，控制逆变桥功率管 T_{AH} 和 T_{BL} 恒通，其余功率管关断。此时，从逆变桥的直流侧看进去，可得图 3.31 所示的等效电路。

如图 3.31(a)所示，当功率管 T_1 导通时，二极管 D_2 处于关断状态，此时电感 L_1 与 L_2 均存储能量，且满足

$$\begin{cases} L_1 \dfrac{di_{L1}}{dt} = U_d \\ L_2 \dfrac{di_{L2}}{dt} = u_{C1} - u_{C2} \end{cases} \tag{3.42}$$

式中，i_{L1} 和 i_{L2} 分别为流过电感 L_1 与电感 L_2 的电流；u_{C1} 和 u_{C2} 分别为电容 C_1 与电容 C_2 两端的电压。

如图 3.31(b)所示，当功率管 T_1 关断时，二极管 D_2 处于导通状态，此时电感 L_1 与 L_2 均释放能量，且满足

$$\begin{cases} L_1 \dfrac{\mathrm{d}i_{L1}}{\mathrm{d}t} = U_d - u_{C1} \\ L_2 \dfrac{\mathrm{d}i_{L2}}{\mathrm{d}t} = -u_{C2} \end{cases} \tag{3.43}$$

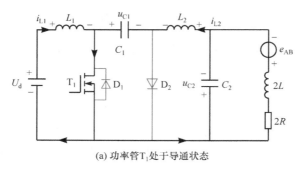

(a) 功率管 T_1 处于导通状态

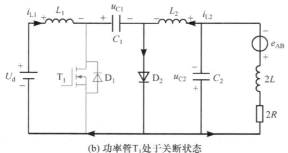

(b) 功率管 T_1 处于关断状态

图 3.31　Cuk 变换器等效电路图

　　根据伏秒平衡原理，电感 L_1 与 L_2 在一个控制周期 T_s 内的电压平均值为零。结合式(3.42)和式(3.43)，可得

$$\begin{cases} d_1 U_d + (1-d_1)(U_d - U_{C1}) = 0 \\ d_1 (U_{C1} - U_{C2}) - (1-d_1)U_{C2} = 0 \end{cases} \tag{3.44}$$

式中，d_1 为功率管 T_1 的占空比；U_{C1} 与 U_{C2} 分别为电容 C_1 与电容 C_2 的平均电压。由式(3.44)可得

$$\begin{cases} U_{C1} = \dfrac{U_d}{1-d_1} \\ U_{C2} = d_1 U_{C1} \end{cases} \tag{3.45}$$

　　由图 3.30 和式(3.45)可知，逆变桥的直流输入电压 U_{in} 为

$$U_{in} = U_{C2} = \frac{d_1 U_d}{1-d_1} \tag{3.46}$$

由式(3.46)可知，在电源电压 U_d 一定的条件下，通过调节占空比 d_1，逆变桥的直流输入电压既可以升高又可以降低。

结合式(3.4)可知，为了保证电机运行所需的电压，逆变桥的直流输入电压需要满足如下关系，即

$$U_{in} = \frac{d_1 U_d}{1-d_1} = 2RI + 2E \tag{3.47}$$

由式(3.47)可知，在不同转速、负载转矩条件下，功率管 T_1 的占空比 d_1 需要动态调节，并满足

$$d_1 = \frac{2RI + 2E}{U_d + 2RI + 2E} \tag{3.48}$$

综上所述，在基于 Cuk 变换器的 PAM 方式下，通过控制功率管 T_1 的占空比来调节逆变桥的直流输入电压，可以实现相电流调节。由于逆变桥只作为电子换向器，不进行高频斩波，因此上述方法特别适用于绕组电感小、基波频率高的无刷直流电机。此外，由于 Cuk 变换器具有一定的升压能力，因此上述方法同样适用于低电压供电的应用场合。

3.4.2　二极管辅助升降压变换器

在传统的 Buck-Boost 变换器中,将一对二极管及其相连的电容以 X 形连接加入电路，能形成新的电路拓扑，通常被称为二极管辅助升降压变换器[9]。该拓扑巧妙地利用二极管单向导电性实现电容并联充电、串联放电，从而获得相对较高的电压增益，为宽输入电源系统中高增益 DC-DC 变换器需求提供有效的解决方案。本节基于二极管辅助升降压变换器，设计一种无刷直流电机变流控制方法[10]。

图 3.32 所示为基于二极管辅助升降压变换器的无刷直流电机系统等效电路。该系统由直流电源、二极管辅助升降压变换电路、三相桥式逆变电路、无刷直流电机组成。二极管辅助电容网络由两个二极管和两个电容器接成 X 形构成。

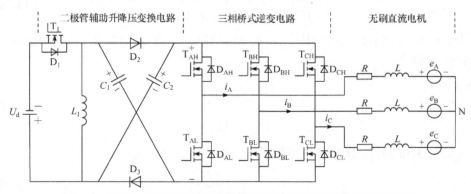

图 3.32　基于二极管辅助升降压变换器的无刷直流电机系统等效电路

1. 二极管辅助升降压变换器的工作模式

根据功率管 T_1 的开关状态，二极管辅助升降压变换器有两种工作模式。图 3.33(a)和图 3.33(b)分别给出功率管 T_1 导通和关断状态下，从逆变桥直流侧看进去的二极管辅助升降压变换器的等效电路。

为了分析方便，认为 X 形二极管辅助电容网络中的两个电容 C_1 和 C_2 具有相同的容值和电压，即

$$\begin{cases} C_1 = C_2 \\ U_{C1} = U_{C2} = U_c \end{cases} \tag{3.49}$$

式中，U_{C1} 和 U_{C2} 分别为电容 C_1 和 C_2 的平均电压。

如图 3.33(a)所示，当 T_1 处于导通状态，电感 L_1 存储能量，二极管 D_2 和 D_3 关断，两个电容与电源串联连接。此时，电感电压 u_{L1}、逆变桥的直流输入电压 U_{in} 为

$$\begin{cases} u_{L1} = U_d \\ U_{in} = U_{on} = U_d + 2U_c \end{cases} \tag{3.50}$$

式中，U_{on} 为 T_1 导通时的直流侧电压。

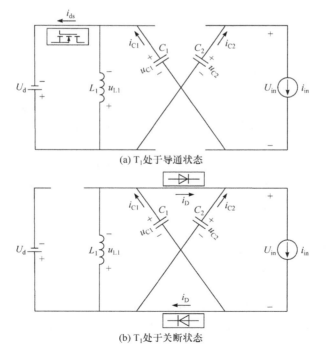

(a) T_1 处于导通状态

(b) T_1 处于关断状态

图 3.33　从逆变桥直流侧看进去的二极管辅助升降压变换器等效电路

如图 3.33(b)所示，当 T_1 处于关断状态，电感 L_1 释放能量，二极管 D_2 和 D_3 导通，两个电容并联连接。此时，电感电压 u_{L1}、逆变桥的直流输入电压 U_{in} 为

$$\begin{cases} u_{L1} = -U_c \\ U_{in} = U_{off} = U_c \end{cases} \tag{3.51}$$

式中，U_{off} 为 T_1 关断时的直流侧电压。

在一个控制周期 T_s 内，电感 L_1 的电压平均值在稳态下为零。根据式(3.50)和式(3.51)，可得

$$U_d d_1 T_s - U_c(1-d_1)T_s = 0 \tag{3.52}$$

式中，d_1 为功率管 T_1 的导通占空比。

由式(3.52)可知，电容的平均电压 U_c 为

$$U_c = \frac{d_1}{1-d_1}U_d \tag{3.53}$$

综上所述，根据功率管 T_1 的开关状态，直流侧电压具有两个不同的恒值，即

$$U_{in} = \begin{cases} U_{on} = \dfrac{1+d_1}{1-d_1}U_d, & s_1=1 \\ U_{off} = \dfrac{d_1}{1-d_1}U_d, & s_1=0 \end{cases} \tag{3.54}$$

式中，s_1 表示功率管 T_1 的开关状态，"1"代表开通，"0"代表关断。

2. 基于二极管辅助升降压变换器的电压矢量

由上述分析可知，二极管辅助网络中电容的并联充电和串联放电在一个控制周期内引入直流侧电压的瞬时改变，这将为电机驱动提供新的控制自由度。下面结合无刷直流电机的运行方式构建基于二极管辅助升降压变换器的电压矢量。

仍然以 A^+B^- 模式为例进行分析，根据功率管 T_1 和逆变桥中导通相功率管的开关状态，构建四种类型电压矢量，即 $V_L(11001)$、$V_S(01001)$、$V_{ZL}(11010)$、$V_{ZS}(01010)$。其中每个矢量中的逻辑值从左至右分别表示功率管 T_1、T_{AH}、T_{AL}、T_{BH}、T_{BL} 的开关状态(T_{CH} 和 T_{CL} 均关断)。

如图 3.34(a)所示，在矢量 $V_L(11001)$ 作用下，功率管 T_1 导通，功率管 T_{AH} 和 T_{BL} 导通，T_{AL} 和 T_{BH} 关断。此时，逆变桥的直流输入电压 $U_{in} = U_{on} = U_d + 2U_c$，且导通相线电压 $u_{AB}=U_{on}$。

如图 3.34(b)所示，在矢量 $V_S(01001)$ 作用下，功率管 T_1 关断，功率管 T_{AH} 和 T_{BL} 导通，T_{AL} 和 T_{BH} 关断。此时，逆变桥的直流输入电压 $U_{in} = U_{off} = U_c$，且导通相线电压 $u_{AB}= U_{off}$。

如图 3.34(c)所示，在矢量 V_{ZL}(11010)作用下，功率管 T_1 导通，T_{AH} 和 T_{BH} 导通，T_{AL} 和 T_{BL} 关断。此时，逆变桥的直流输入电压 $U_{in} = U_{on} = U_d + 2U_c$，但导通相线电压 $u_{AB} = 0$。

如图 3.34(d)所示，在矢量 V_{ZS}(01010)作用下，功率管 T_1 关断，T_{AH} 和 T_{BH} 导通，T_{AL} 和 T_{BL} 关断。此时，逆变桥的直流输入电压 $U_{in} = U_{off} = U_c$，但导通相线电压 $u_{AB} = 0$。

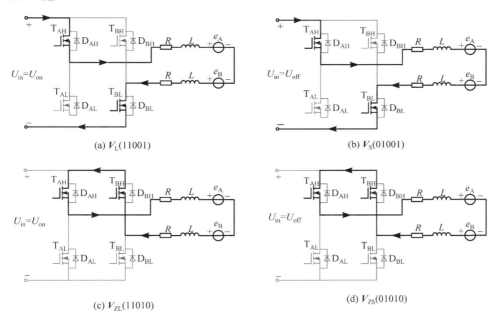

图 3.34　四种电压矢量作用下的等效电路图

由上述分析可知，在矢量 V_L 和 V_S 作用下电机导通相线电压大于零，并且由于 $U_{on} > U_{off}$，因此又称 V_L 为大矢量，V_S 为小矢量；在矢量 V_{ZL} 和 V_{ZS} 作用下，不论逆变桥的直流输入电压为何值，电机导通相线电压均等于零，因此这两种矢量属于零矢量。

3. 电流控制器设计

由于逆变桥的直流输入电压具有两个不同的值，因此在不同矢量组合作用下，逆变桥中的功率器件可能承受不同的电压应力。为了尽可能减小逆变桥开关器件的电压应力，降低开关损耗，应使器件的开关动作发生在直流侧电压较小期间(即 T_1 关断期间)，此时开关器件的电压应力为 U_{off}。当 T_1 关断时，由式(3.54)可知，在该模式下有一个特殊的优势是相对于电源电压 U_d，U_{off} 既可以升高又可以降低，这将为逆变桥开关器件电压应力的大小设计提供便利。

　　无刷直流电机运行时满足 $2RI_N+2E_N{\leqslant}U_N$。当采用传统的三相电压源逆变器驱动无刷直流电机时,电源电压为电机额定电压 U_N,且逆变桥开关器件的电压应力也为 U_N。与传统逆变器相比,在基于二极管辅助升降压变换器的驱动系统中,为了避免逆变桥开关器件电压应力的增加,应使 $U_{off} \leqslant U_N$。由于 U_{off} 的大小可以通过调节功率管 T_1 的占空比进行控制,设计 U_{off} 的取值满足如下关系,即

$$U_{off} \leqslant 2RI + 2E \tag{3.55}$$

　　由 3.1 节分析可知,为了保证电机运行所需的电压,导通相线电压的平均值需要满足式(3.4)。设一个控制周期内大矢量 V_L 的占空比 $d_L = \alpha d_1(\alpha \leqslant 1)$。同时,为使功率器件的开关动作发生在 T_1 关断期间,每个控制周期内需要保证一定宽度的小矢量,且设小矢量的占空比为 $d_S(d_S > 0)$。

　　根据不同矢量作用下的导通相线电压可得,在大矢量、小矢量及零矢量的共同作用下,需要满足如下关系,即

$$d_L U_{on} + d_S U_{off} +(1 - d_L - d_S)0 = 2RI + 2E \tag{3.56}$$

　　在每个控制周期内,为保证一定宽度的小矢量(即 $d_S > 0$),由式(3.56)可得,α 应满足

$$\alpha < \frac{2RI + 2E}{d_1 U_{on}} \tag{3.57}$$

　　为便于分析,记 $g = d_1 U_{on}$。由于 $U_{on} = U_d + 2U_{off}$,结合式(3.54)的第 2 式,则 g 可以表示为

$$\begin{aligned} g &= d_1 U_{on} \\ &= \frac{U_{off}}{U_d + U_{off}}(U_d + 2U_{off}) \end{aligned} \tag{3.58}$$

　　经分析可知,电源电压 U_d 一定时,U_{off} 越大,则 g 越大。由于 $U_{off}{\leqslant}2E + 2IR$,因此当 $U_{off} = 2E + 2IR$ 时,g 取得最大值 g_{max},即

$$g \leqslant g_{max} = \frac{2E + 2IR}{U_d + 2E + 2IR}(U_d + 4E + 4IR) \tag{3.59}$$

　　结合式(3.58)和式(3.59)可知,α 应满足

$$\alpha < \frac{2E + 2IR}{g_{max}} = \frac{1}{2}\frac{2U_d + 4E + 4IR}{U_d + 4E + 4IR} \tag{3.60}$$

式中,令 $f= (2U_d + 4E + 4IR) / (U_d + 4E + 4IR)$。

　　虽然 f 的取值与电机的运行工况,以及电源电压 U_d 有关,但 $f > 1$ 恒成立。为了在任何工况下均满足式(3.60)所示的关系,同时尽量发挥大矢量的作用,取 $\alpha = 0.5$。将大矢量占空比 $d_L = 0.5 d_1$ 代入式(3.56),可得

$$0.5U_{\text{off}} + (d_{\text{L}} + d_{\text{S}})U_{\text{off}} = 2E + 2IR \qquad (3.61)$$

由式(3.61)可知，为了满足电机运行所需的电压，则 d_{L} 和 d_{S} 应该满足如下关系，即

$$d_{\text{L}} + d_{\text{S}} = \frac{2RI + 2E}{U_{\text{off}}} - \frac{1}{2} \qquad (3.62)$$

由上述分析可知，每个控制周期内存在大矢量 V_{L}、小矢量 V_{S}、零矢量 V_{ZL} 及零矢量 V_{ZS} 四种电压矢量共同作用。为了满足电机运行所需的电压，同时减小逆变桥开关器件的电压应力，利用矢量分布的对称性合理安排各个矢量，使每个控制周期内功率器件的开关动作均发生在 T_1 关断期间。图 3.35 所示为两个控制周期内各个矢量的作用顺序及功率管 T_1、T_{AH}、T_{AL}、T_{BH}、T_{BL} 的开关状态。

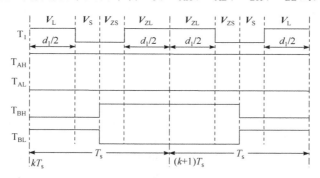

图 3.35　两个控制周期内各矢量的分布图

由图 3.35 可知，在第 k 个控制周期内，从左到右各矢量的作用顺序依次为 V_{L}、V_{S}、V_{ZS}、V_{ZL}，此时功率器件的开关动作发生在 T_1 关断期间；在第 $k+1$ 个控制周期内，安排各矢量的作用顺序依次为 V_{ZL}、V_{ZS}、V_{S}、V_{L}。

综上所述，二极管辅助升降压变换器具有较高的升压比，因此上述介绍的无刷直流电机变流控制方法，可以有效提高直流电源电压的利用率，特别适用于燃料电池、锂电池和光伏作为供电电源的工业应用场合。此外，通过设计大矢量、小矢量和零矢量的作用时间及各矢量的作用顺序，可以降低逆变桥开关器件的电压应力，减小开关损耗。

下面通过实验，进一步说明基于二极管辅助升降压变换器的电流控制策略的可行性及有效性。其中，实验电机的额定电压 $U_{\text{N}} = 24\text{V}$，电源电压 $U_{\text{d}} = 15\text{V}$。

图 3.36 所示为额定工况下采用本节设计的电流控制策略时的实验波形。波形从上至下分别为三相电流、直流侧电压 u_{in}、A 相 PWM 脉冲(上桥臂 AH，下桥臂 AL，高电平表示功率管处于导通状态)。由图 3.36(b)所示的局部放大图可以看出，在一个控制周期内，逆变桥的直流输入电压 u_{in} 具有两个不同的恒值，通过大矢量、

小矢量及零矢量的共同作用，可以满足电机运行所需的电压，实现良好的电流控制。此外，通过优化各个矢量的分布使逆变桥功率器件的开关动作发生在 T_1 关断期间，从而降低逆变桥开关器件的电压应力。由此可见，图 3.36 所示的实验结果与上述理论分析结果一致。

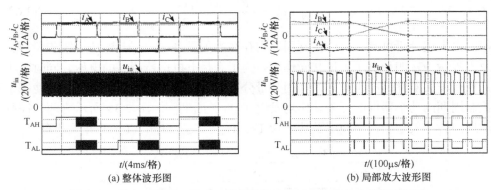

t/(4ms/格)　　　　　　　　　　　　　　t/(100μs/格)

(a) 整体波形图　　　　　　　　　　　　(b) 局部放大波形图

图 3.36　额定工况下，基于二极管辅助升降压变换器的电流控制策略

参 考 文 献

[1] Ransara H K S, Madawala U K. A torque ripple compensation technique for a low-cost brushless DC motor drive[J]. IEEE Transactions on Industrial Electronics, 2015, 62(10): 6171-6180.

[2] Xia C L, Li P F, Li X M, et al. Series IGBT chopping strategy to reduce DC-link capacitance for brushless DC motor drive system[J]. IEEE Journal of Emerging and Selected Topics in Power Electronics, 2017, 5(3): 1192-1204.

[3] Zheng B N, Cao Y F, Li X M, et al. An improved DC-link series IGBT chopping strategy for brushless DC motor drive with small DC-link capacitance[J]. IEEE Transactions on Energy Conversion, 2021, 36(1): 242-252.

[4] Xia C L, Li Z Q, Shi T N. A control strategy for four-switch three-phase brushless DC motor using single current sensor[J]. IEEE Transactions on Industrial Electronics, 2009, 56(6): 2058-2066.

[5] Xia C L, Wu D, Shi T N, et al. A current control scheme of brushless DC motors driven by four-switch three-phase inverters[J]. IEEE Journal of Emerging and Selected Topics in Power Electronics, 2017, 5(1): 547-558.

[6] Xia C L, Xiao Y W, Chen W, et al. Three effective vectors-based current control scheme for four-switch three-phase trapezoidal brushless DC motor[J]. IET Electric Power Applications, 2013, 7(7): 566-574.

[7] Xia C L, Xiao Y W, Shi T N, et al. Boost three-effective-vector current control scheme for a brushless DC motor with novel five-switch three-phase topology[J]. IEEE Transactions on Power Electronics, 2014, 29(12): 6581-6592.

[8] Chen W, Liu Y P, Li X M, et al. A novel method of reducing commutation torque ripple for

brushless DC motor based on Cuk converter[J]. IEEE Transactions on Power Electronics, 2017, 32(7): 5497-5508.

[9] Gao F, Loh P C, Teodorescu R, et al. Diode-assisted buck-boost voltage-source inverters[J]. IEEE Transactions on Power Electronics, 2009, 24(9): 2057-2064.

[10] Cao Y F, Shi T N, Li X M, et al. A commutation torque ripple suppression strategy for brushless DC motor based on diode-assisted buck-boost inverter[J]. IEEE Transactions on Power Electronics, 2019, 34(6): 5594-5605.

第4章 无刷直流电机转矩控制技术

良好的转矩控制性能是电机系统实现高品质运行的前提条件和基础。无刷直流电机采用两两导通的方波电流驱动方式时，期望每一时刻只有两相绕组导通，第三相绕组电流为零。实际上，由于绕组电感的存在，在换相过程中，电流不能瞬时变化，从而导致三相绕组均有电流。本书将两相绕组导通区称为正常导通阶段，将三相绕组导通区称为换相阶段。由于正常导通阶段和换相阶段电机绕组导通状态不同，因此这两个阶段的转矩控制也不同。针对无刷直流电机在电动状态下的运行特性，4.1 节介绍正常导通阶段的转矩控制方法，4.2 节阐述换相阶段转矩波动产生的机理及其抑制方法。针对无刷直流电机在制动状态下的运行特性，4.3 节对正常导通阶段制动转矩的可控性，以及换相阶段转矩波动抑制进行分析。

4.1 正常导通阶段转矩控制

在电动状态下，无刷直流电机在正常导通阶段的转矩控制性能决定电机运行的整体工作特性。本节从直接转矩控制技术和最优参考电流控制技术两方面介绍正常导通阶段的转矩控制方法。

4.1.1 直接转矩控制

传统直接转矩控制方法通过优选的电压矢量对电机定子磁链和转矩直接进行调节，实现对电机转矩的直接控制。相比于永磁同步电机，将直接转矩控制技术应用到无刷直流电机上，主要存在两方面特殊性。一方面，无刷直流电机的理想反电动势是平顶宽度 120° 的梯形波，理想电流为方波，定、转子磁势，以及产生的磁场并非正弦。另一方面，在两两导通方式下，导通相绕组的相电压是常量，而非激励相绕组的相电压是变量，其在数值上等于该相反电动势，即使逆变器开关状态维持不变，电压空间矢量的幅值、位置也会时刻变化[1]。为此，在无刷直流电机直接转矩控制中，定子磁链的轨迹并非圆形，而是如图 4.1 所示的圆锯齿形，即以 60° 为一个周期，在每个周期内定子磁链的幅值由小向大递增，在周期结束时刻，定子磁链发生幅值与方向上的突变，一个完整的 360° 电周期重复 6 次这样的过程。定子磁链的突变程度与电机参数、负载转矩、直流母线电压等因素有关。由此可见，在无刷直流电机直接转矩控制中，定子磁链的给定是比较困难和复杂的。

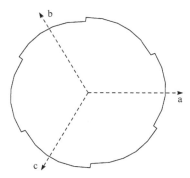

图 4.1　两两导通方式下直接转矩控制定子磁链轨迹

在两两导通的方波电流驱动方式下，电机连续运行时由转矩调节器输出和转子位置信号决定施加的电压矢量，恰好能在定子上产生圆锯齿形的磁链。因此，当电机在恒转矩区(基速以下)运行时，通常采用转矩单环控制，略去磁链控制部分，以简化控制系统的结构。本节考虑电机在基速以下恒转矩运行，介绍一种基于主辅矢量选择的无差拍直接转矩控制方法[2]。该方法的基本思想是将转矩直接作为被控变量，控制器根据参考值与反馈值的偏差选择电压矢量，通过不同矢量的共同作用使瞬时转矩在控制周期结束时等于参考值，从而实现对转矩的实时跟踪控制。基于三相电压源逆变器，首先分析正常导通阶段所有端电压组合状态下的转矩变化率，然后建立电压矢量选择表，并利用无差拍控制思想确定每个控制周期内矢量的作用时间。

1. 转矩变化率分析

图 4.2 所示为三相电压源逆变器驱动的无刷直流电机系统等效电路。

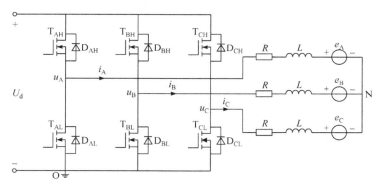

图 4.2　三相电压源逆变器驱动的无刷直流电机系统等效电路

在两两导通方式下，正常导通阶段的每一时刻只有两相绕组导通。以导通模式 A^+B^- 为例，导通相绕组的端电压方程为

$$\begin{cases} u_{AO} = Ri_A + L\dfrac{di_A}{dt} + e_A + u_{NO} \\[3mm] u_{BO} = Ri_B + L\dfrac{di_B}{dt} + e_B + u_{NO} \end{cases} \tag{4.1}$$

由于 $i_A = -i_B$，电磁转矩可表示为

$$T_e = \frac{e_{AB}i_A}{\Omega} \tag{4.2}$$

式中，$e_{AB} = e_A - e_B$ 为线反电动势。

由式(4.1)可知，电机中性点电压 u_{NO} 为

$$u_{NO} = \frac{(u_{AO} + u_{BO}) - (e_A + e_B)}{2} \tag{4.3}$$

结合式(4.1)和式(4.3)，可得 A 相电流的变化率，即

$$\frac{di_A}{dt} = \frac{u_{AO} - u_{BO}}{2L} - \frac{e_{AB} + 2Ri_A}{2L} \tag{4.4}$$

由于控制周期 T_s 很短，可以认为反电动势和转速在一个控制周期内基本不变，转矩变化率为

$$\begin{aligned} \frac{dT_e}{dt} &= \frac{e_{AB}}{\Omega} \cdot \frac{di_A}{dt} \\[2mm] &= \frac{e_{AB}}{2L\Omega}[(u_{AO} - u_{BO}) - e_{AB} - 2Ri_A] \end{aligned} \tag{4.5}$$

由式(4.5)可知，转矩变化率受导通相绕组端电压的影响，而通过控制逆变器上、下桥臂功率器件的开关状态可以得到不同的绕组端电压值。

在两两导通方式下，通常只对两相导通相的功率器件进行控制。忽略功率器件的压降，导通相绕组的端电压等于 0 或 U_d。在不同开关状态下，可以得到端电压 u_{AO} 和 u_{BO} 的不同组合情况。表 4.1 给出所有端电压组合状态下转矩变化率的解析表达式，这里用 $f_k(u_{AO}\ u_{BO})$ 表示，后面简记为 $f_k(k = 0,1,2,3)$。

表 4.1　u_{AO} 和 u_{BO} 在不同端电压组合情况下的转矩变化率(电动状态)

$f_k(u_{AO}\ u_{BO})$	转矩变化率 (dT_e/dt)	T_e
$f_0(0\quad 0)$	$-e_{AB}(e_{AB}+2Ri_A)/2L\Omega$	↓
$f_1(0\quad U_d)$	$-e_{AB}(U_d+e_{AB}+2Ri_A)/2L\Omega$	↓↓
$f_2(U_d\quad 0)$	$e_{AB}(U_d-e_{AB}-2Ri_A)/2L\Omega$	↑
$f_3(U_d\quad U_d)$	$-e_{AB}(e_{AB}+2Ri_A)/2L\Omega$	↓

2. 主辅矢量选择表建立

根据空间矢量理论，电压空间矢量通常表示为

$$V = \frac{2}{3}(u_A + u_B e^{j\frac{2\pi}{3}} + u_C e^{j\frac{4\pi}{3}}) \tag{4.6}$$

式中，u_A、u_B 和 u_C 分别为 A 相、B 相和 C 相的相电压。

由式(4.6)可知，对于电机三相电流连续的驱动方式，在开关状态一定时，三相绕组的相电压也为确定值，此时三相相电压必定能够合成得到一个确定的电压空间矢量。而采用两两导通的方波电流驱动方式时，在一定开关状态下非激励相绕组的相电压不再为一个定值，而是时刻变化的，此时和两相导通相电压合成可以得到许多电压空间矢量。在正常导通阶段，由于只有导通两相的电压会直接影响转矩控制，为便于分析，本书将电压空间矢量定义为导通相相电压合成矢量，其中导通相相电压可以根据绕组端电压和式(4.3)所示的电机中性点电压获得。

对于一台任意给定的电机，额定电压 U_d 和相电感 L 是确定的，在电动状态下 $e_{AB} > 0$ 且满足 $U_d \geqslant 2RI_N + k_e\Omega_N$。由表 4.1 可知，$f_1 < f_0 = f_3 < 0$，因此在 $u_{AO} = 0$、$u_{BO} = U_d$ 对应的电压矢量作用下，转矩减小最快，而在 $u_{AO} = 0$、$u_{BO} = 0$ 或者 $u_{AO} = U_d$、$u_{BO} = U_d$ 时的电压矢量作用下，转矩减小相对较慢。由于只有 $f_2 > 0$，即在 $u_{AO} = U_d$、$u_{BO} = 0$ 时的电压矢量作用下，转矩增加。

在不同电压矢量作用下，转矩的变化趋势不同，因此在一个控制周期内通过选择合适的电压矢量有望获得良好的转矩控制性能。根据反馈转矩 T_f(T_f 为第 k 个采样时刻的转矩值)与参考转矩 T_e^* 之间的关系，定义转矩误差符号 E_T 为

$$\begin{cases} E_T = 0, & T_f > T_e^* \\ E_T = 1, & T_f \leqslant T_e^* \end{cases} \tag{4.7}$$

当 T_f 大于 T_e^* 时，转矩误差符号 $E_T=0$，反之 $E_T=1$。为了同时兼顾转矩稳态性能和动态性能，将能够迅速减小转矩误差的电压矢量作为主矢量(简记为 MV)，并在每个控制周期内插入辅助矢量(简记为 SV)，辅助矢量对转矩的控制作用与主矢量相反，通过主矢量和辅助矢量的共同作用可以控制反馈转矩跟踪参考值。

当 $E_T = 0$ 时，为了能够迅速减小转矩误差，将 $u_{AO} = 0$、$u_{BO} = U_d$ 对应的电压矢量作为主矢量，此时导通相的功率器件均关断，绕组电流通过二极管 D_{AL} 和 D_{BH} 续流。同时，在控制周期内插入 $u_{AO} = U_d$、$u_{BO} = 0$ 对应的辅助矢量，此时将 T_{AH} 和 T_{BL} 开通。当 $E_T = 0$ 时，主矢量和辅助矢量作用下的等效电路如图 4.3 所示。考虑非激励相上、下桥臂功率管 T_{CH} 和 T_{CL} 均关断，只采用导通相功率管 T_{AH}、T_{AL}、T_{BH} 和 T_{BL} 的开关状态($s_{AH}\,s_{AL}\,s_{BH}\,s_{BL}$)表征主矢量 MV 和辅助矢量 SV，其中"1"代表功率管开通，"0"代表关断。由此可知，在这种主辅矢量组合下，一个

控制周期内总开关次数为 2。

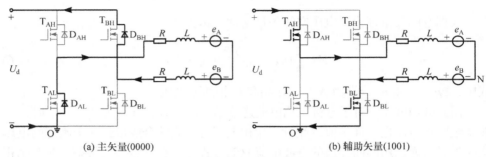

(a) 主矢量(0000)　　　　　　　　　　　　(b) 辅助矢量(1001)

图 4.3　当 $E_T = 0$ 时，主矢量和辅助矢量作用下的等效电路图

　　同理，当 $E_T = 1$ 时，由于只有当 $u_{AO} = U_d$、$u_{BO} = 0$ 时转矩增加，因此将 $u_{AO} = U_d$、$u_{BO} = 0$ 对应的电压矢量作为主矢量，此时 T_{AH} 和 T_{BL} 导通。为了实现转矩有效控制的同时尽量减少开关次数，将 $u_{AO} = 0$、$u_{BO} = 0$ 对应的电压矢量作为辅助矢量。此时，T_{AH} 关断，T_{BL} 保持导通状态，相电流通过二极管 D_{AL} 和 T_{BL} 续流。当 $E_T = 1$ 时，主矢量和辅助矢量作用下的等效电路如图 4.4 所示。在这种主辅矢量组合下，一个控制周期内总开关次数为 1。

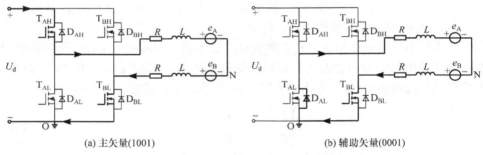

(a) 主矢量(1001)　　　　　　　　　　　　(b) 辅助矢量(0001)

图 4.4　当 $E_T = 1$ 时，主矢量和辅助矢量作用下的等效电路图

　　不论 $E_T = 0$ 还是 $E_T = 1$，通过主矢量和辅助矢量的共同作用将使反馈转矩跟踪参考值，一个控制周期内主矢量和辅助矢量作用下的转矩变化如图 4.5 所示。

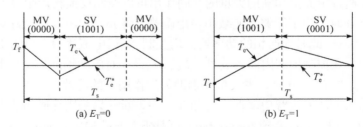

(a) $E_T = 0$　　　　　　　　　　　　(b) $E_T = 1$

图 4.5　主矢量和辅助矢量作用下的转矩变化示意图

根据上述分析,在 A^+B^- 模式下建立的主矢量和辅助矢量选择表如表 4.2 所示。

表 4.2 A^+B^- 模式下主矢量和辅助矢量选择表

导通模式	转矩误差符号 E_T	MV (s_{AH} s_{AL} s_{BH} s_{BL})				SV (s_{AH} s_{AL} s_{BH} s_{BL})			
A^+B^-	0	(0	0	0	0)	(1	0	0	1)
	1	(1	0	0	1)	(0	0	0	1)

3. 矢量作用占空比计算

为了在一个控制周期内实现转矩对其参考值的无差跟踪,下面利用无差拍控制思想来确定主矢量和辅助矢量的作用时间。由于每个控制周期内主矢量占空比和辅助矢量占空比的和为 1,下面只求取主矢量的占空比。设 $E_T = 0$ 和 $E_T = 1$ 时,主矢量的占空比分别为 d_0 和 d_1。

当 $E_T = 0$,结合图 4.5(a)可知,在一个控制周期内通过主矢量和辅助矢量的共同作用使瞬时转矩在控制周期结束时等于参考值,则有

$$T_f + f_m d_0 T_s + f_v(1-d_0)T_s = T_e^* \tag{4.8}$$

式中,T_f 为每个控制周期的反馈转矩;f_m 为主矢量作用时的转矩变化率;f_v 为辅助矢量作用时的转矩变化率。

结合表 4.1 和表 4.2 可知,在 A^+B^- 模式下,当 $E_T = 0$ 时,$f_m = f_1$ 且 $f_v = f_2$。将其代入式(4.8)可得主矢量的占空比 d_0,即

$$d_0 = \frac{L\Omega(T_f - T_e^*)}{U_d T_s e_{AB}} + \frac{U_d - e_{AB} - 2Ri_A}{2U_d} \tag{4.9}$$

同理,当 $E_T = 1$ 时,$f_m = f_2$ 且 $f_v = f_0$,此时可得主矢量占空比 d_1,即

$$d_1 = \frac{2L\Omega(T_e^* - T_f)}{U_d T_s e_{AB}} + \frac{e_{AB} + 2Ri_A}{U_d} \tag{4.10}$$

上式表明,主矢量和辅助矢量的作用时间可通过一些变量,如反馈转矩、线反电动势等计算获得,其中线反电动势 e_{AB} 由离线拟合的反电动势波形函数和速度信号获得,即 $e_{AB} = k_e \Omega f_{AB}(\theta)$,反馈转矩 T_f 由采样电流 i_A 和 e_{AB} 计算得到。此外,由式(4.9)和式(4.10)确定主矢量占空比时,分母上的转速值和分子上的值抵消掉,因此转速为零时仍可得到有效的计算值。

综上可知,在无差拍直接转矩控制策略下,可以根据实际转矩和参考转矩之间的大小关系选择主矢量和辅助矢量,通过不同矢量的共同作用使实际转矩跟踪参考转矩。特别是,当参考转矩突加或突减时,由于选取的主矢量均能快速的增加或减小转矩,因此该策略具有良好的转矩动态性能。此外,当 $E_T = 1$ 时,通

过优化电压矢量的选取可以在实现转矩控制的同时进一步减少功率器件的开关次数。

参照国际电工协会标准 IEC 60034-20-1 第 3.43 节，转矩波动率 K_{rT} 定义为

$$K_{rT} = \frac{T_{high} - T_{low}}{T_{high} + T_{low}} \times 100\% \tag{4.11}$$

式中，T_{high} 和 T_{low} 为一段时间内转矩的最高值和最低值。

电机稳态运行时，图 4.6 给出两种直接转矩控制策略下的实验结果。控制策略 1 为每个控制周期内选择一个最优电压矢量的传统直接转矩控制策略[2]。控制策略 2 为所设计的基于主辅矢量选择的无差拍直接转矩控制策略。其中，传统直接转矩控制策略的控制周期缩短为无差拍直接转矩控制策略的一半。可以看出，在传统直接转矩控制策略下，转矩波动率为 6.7%；在无差拍直接转矩控制策略下，转矩波动率减小至 3.5%。因此，所设计的控制策略可以获得更好的稳态转矩控制性能。

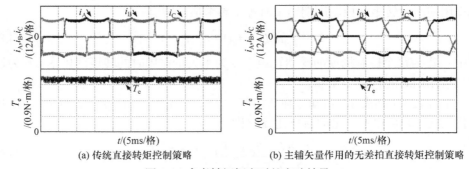

(a) 传统直接转矩控制策略   (b) 主辅矢量作用的无差拍直接转矩控制策略

图 4.6　参考转矩恒定时的实验结果

图 4.7 给出参考转矩突加、突减时两种控制策略下的转矩波形及转矩动态响应的放大波形。可以看出，当参考转矩突加时，两种控制策略动态跟踪参考转矩的时间基本相同。然而，当参考转矩突减时，在传统策略选择的电压矢量作用下，转矩变化率的幅值较小，因此转矩的变化相对较慢。在主辅矢量作用的控制策略中，当 $E_T=0$ 时，由于选取的主矢量可以快速减小转矩，从而使实际转矩在较短的时间内动态跟踪参考转矩。因此，主辅矢量作用的无差拍直接转矩控制策略在获得良好转矩稳态性能的同时具有良好的转矩动态性能。

4.1.2　滑模变结构转矩控制

相比于直接转矩控制，最优参考电流控制是实现转矩间接控制的一种有效方案。该方案通常根据电机非理想反电动势波形对参考电流进行优化设计，通过对

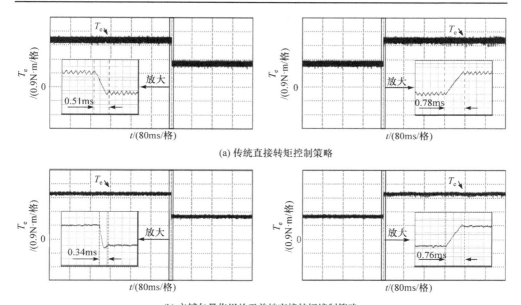

(a) 传统直接转矩控制策略

(b) 主辅矢量作用的无差拍直接转矩控制策略

图 4.7　参考转矩突加、突减时的实验结果

参考电流有效跟踪达到转矩控制目标。下面利用滑模变结构控制原理，设计正常导通阶段的最优参考电流控制器，从而实现对参考转矩的跟踪控制。

1. 滑模变结构控制原理

滑模变结构控制是变结构控制系统的一种控制策略。这种控制策略与常规控制的不同之处在于系统的"结构"并不固定，而是在动态过程中，根据系统当前的状态有目的地不断变化，迫使系统按照预定滑动模态的状态轨迹运动[3]。由于滑动模态可以进行设计且与对象参数及扰动无关，这就使滑模变结构控制具有响应速度快、对参数变化及扰动不灵敏等优点。下面对滑模变结构控制原理进行介绍。

考虑如下二阶系统，即

$$\begin{cases} \dot{x}_1 = x_2 \\ \dot{x}_2 = h(x) + g(x)u \end{cases}, \quad x \in R^2 \tag{4.12}$$

式中，$h(x)$ 和 $g(x)$ 为未知非线性函数，且满足 $g(x) \geqslant g_0 > 0$。

通过设计控制量 u 使系统在如下滑模面上运动，即

$$s = a_1 x_1 + x_2 = 0 \tag{4.13}$$

在式(4.13)所示的滑模面上，系统运动轨迹受如下规律约束，即

$$\frac{\mathrm{d}x_2}{\mathrm{d}t} = -a_1 x_2 \tag{4.14}$$

选择 $a_1 > 0$，使 $x(t)$ 收敛于 0，其收敛速度由 a_1 的大小决定。系统轨迹在滑模面 $s = 0$ 上运行时与 $h(x)$ 和 $g(x)$ 的大小无关。为了控制系统轨迹到达并保持在滑模面上运行，设计如下控制器。

由式(4.12)和式(4.13)可知，变量 s 满足

$$\frac{\mathrm{d}s}{\mathrm{d}t} = a_1 \frac{\mathrm{d}x_1}{\mathrm{d}t} + \frac{\mathrm{d}x_2}{\mathrm{d}t} = a_1 x_2 + h(x) + g(x)u \tag{4.15}$$

假设 $h(x)$ 和 $g(x)$ 满足以下不等式，即

$$\left| \frac{a_1 x_2 + h(x)}{g(x)} \right| \leqslant \rho(x), \quad x \in R^2 \tag{4.16}$$

选取 Lyapunov 函数为 $V = \frac{1}{2}s^2$，结合式(4.15)对 V 求时间导数，可以得到

$$\begin{aligned}
\frac{\mathrm{d}V}{\mathrm{d}t} &= s\frac{\mathrm{d}s}{\mathrm{d}t} \\
&= s(a_1 x_2 + h(x)) + g(x)su \\
&\leqslant g(x)|s|\rho(x) + g(x)su
\end{aligned} \tag{4.17}$$

令控制量 u 为

$$u = -\beta(x)\,\mathrm{sgn}(s) \tag{4.18}$$

其中

$$\mathrm{sgn}(s) = \begin{cases} 1, & s > 0 \\ 0, & s = 0 \\ -1, & s < 0 \end{cases} \tag{4.19}$$

式中，$\beta(x) \geqslant \rho(x) + \beta_0$，$\beta_0 \geqslant 0$。

将式(4.18)和式(4.19)代入式(4.17)，可得

$$\frac{\mathrm{d}V}{\mathrm{d}t} \leqslant -g_0\beta_0|s| \leqslant -\sqrt{2}g_0\beta_0 V^{\frac{1}{2}} \tag{4.20}$$

满足 Lyapunov 稳定性准则。

因此，在控制量 u 的作用下，系统轨迹会在有限时间内到达滑模面 $s = 0$，并被约束在滑模面上。图 4.8 所示为滑模变结构控制下系统相平面运动轨迹示意图。

在理想滑模变结构控制下，系统轨迹会运行在滑模面上，但实际上考虑功率器件的非理想特性，器件开通和关断都需要一定的延时，另外数字控制系统本身也是时延系统，因此滑模变结构控制会带来抖振现象，如图 4.9 所示。

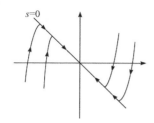

图 4.8　系统相平面运动轨迹示意图

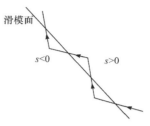

图 4.9　滑模变结构控制中系统时延
引起的抖振现象

采用两种方法能够减小数字系统延时引起的抖振现象。第一种方法是用高增益的饱和函数代替符号函数，控制量为

$$u = -\beta(x)\mathrm{sat}\left(\frac{s}{\sigma}\right) \tag{4.21}$$

式中，饱和函数定义为

$$\mathrm{sat}(y) = \begin{cases} y, & |y| \leqslant 1 \\ \mathrm{sgn}(y), & |y| > 1 \end{cases} \tag{4.22}$$

式中，σ 为正常数。

第二种方法是将控制电压分成两部分，一部分为连续分量，另一部分为开关分量。由于连续分量以前馈方式输入，开关增益值减小了，因此也减小了系统抖振。

2. 滑模变结构电流控制器

仍以 A^+B^- 模式为例，说明滑模变结构电流控制器的具体设计过程。由式(4.2)可知，为了实现对参考转矩 T_e^* 的跟踪控制，根据电机非理想反电动势设计 A 相的参考电流 i_A^* 为

$$i_A^* = \frac{T_e^* \Omega}{e_{AB}} \tag{4.23}$$

其中，导通相线反电动势 e_{AB} 可以通过实验测量并离线拟合的方法获得，或者利用反电动势观测器在线实时获得。

考虑系统温度变化、饱和效应等因素导致的参数扰动，以及传感器的动态特性、逆变器的非线性特性等因素导致的未建模扰动，则 A、B 两相绕组之间的线电压方程为

$$u = 2R_N i_A + 2L_N \frac{\mathrm{d}i_A}{\mathrm{d}t} + e_{AB} + F \tag{4.24}$$

式中，u 为每个控制周期内两导通相间的平均线电压；R_N 和 L_N 分别为电机相电阻和相电感的标称值；F 代表广义总扰动，包括系统参数扰动和未建模扰动，其表达式为

$$F = 2\Delta R i_A + 2\Delta L \frac{\mathrm{d}i_A}{\mathrm{d}t} + f \tag{4.25}$$

式中，ΔL 和 ΔR 分别为相电感和相电阻的扰动量；f 为系统未建模扰动。

由式(4.24)可知，通过控制导通相绕组的输入线电压，可使 A 相电流跟踪参考电流 i_A^*。定义状态变量 e 为实际电流和参考电流之间的误差，即

$$e = i_A - i_A^* \tag{4.26}$$

由状态变量 e 定义的系统滑模面为

$$s = e + c\int e\,\mathrm{d}t = 0 \tag{4.27}$$

可以看出，滑模面的设计加入了状态变量积分项，积分系数为 c，状态变量 e 动态变化特性受如下所示的一阶方程约束，即

$$\frac{\mathrm{d}e}{\mathrm{d}t} = -ce \tag{4.28}$$

式中，$c > 0$，当 $t \to \infty$ 时，电流跟踪误差 e 收敛于 0，且 c 的大小会影响 e 的收敛速率。

结合式(4.24)和式(4.25)可知，电流误差的微分方程为

$$\frac{\mathrm{d}e}{\mathrm{d}t} = -a_0 i_A - b_0 e_{AB} - b_0 F + b_0 u - \frac{\mathrm{d}i_A^*}{\mathrm{d}t} \tag{4.29}$$

式中，$a_0 = R_N/L_N$；$b_0 = 1/2L_N$。

为了控制电流误差的轨迹运行在式(4.27)所示的滑模面上，设计控制电压为

$$u = u_{eq} + k\,\mathrm{sgn}(s) \tag{4.30}$$

式中，u_{eq} 为等效控制分量；k 为开关分量增益。

从式(4.30)可以看出，控制电压包括两部分，第一部分为连续分量，第二部分为开关分量。

为了证明式(4.30)所示控制电压方程的稳定性，并进一步确定控制器输出连续分量 u_{eq} 的表达式，以及开关增益 k 的取值范围，选择如下 Lyapunov 函数，即

$$V = \frac{1}{2}s^2 \tag{4.31}$$

对 V 求导，将式(4.26)～式(4.28)代入可得

$$\frac{\mathrm{d}V}{\mathrm{d}t} = s\frac{\mathrm{d}s}{\mathrm{d}t}$$

$$= s\left(-a_0 i_A - b_0 e_{AB} - b_0 F + b_0 u + ce - \frac{\mathrm{d}i_A^*}{\mathrm{d}t}\right) \tag{4.32}$$

进一步将式(4.30)代入式(4.32)可得

$$\frac{\mathrm{d}V}{\mathrm{d}t} = s\left[b_0 k \operatorname{sgn}(s) - b_0 F + b_0 u_{eq} + (c - a_0)e - b_0 e_{AB} - a_0 i_A^* - \frac{\mathrm{d}i_A^*}{\mathrm{d}t}\right] \tag{4.33}$$

由式(4.33)，将连续分量 u_{eq} 设计为

$$u_{eq} = \frac{a_0 - c}{b_0}e + e_{AB} + \frac{a_0}{b_0}i_A^* + \frac{1}{b_0}\frac{\mathrm{d}i_A^*}{\mathrm{d}t} \tag{4.34}$$

则式(4.33)可以化简为

$$\frac{\mathrm{d}V}{\mathrm{d}t} = b_0 s(k \operatorname{sgn}(s) - F) \tag{4.35}$$

由式(4.35)，令开关增益 k 满足如下条件，即

$$\begin{cases} k < F, & s > 0 \\ k < -F, & s < 0 \end{cases} \tag{4.36}$$

并选择

$$k = -(|F|_{\max} + \delta) \tag{4.37}$$

式中，$|F|_{\max}$ 为扰动量的最大值；δ 为大于零的常数，满足

$$\frac{\mathrm{d}V}{\mathrm{d}t} = s\frac{\mathrm{d}s}{\mathrm{d}t} \leqslant -b_0 \delta|s| \leqslant -\sqrt{2}b_0 \delta V^{1/2} \tag{4.38}$$

因此，式(4.30)中控制电压方程的稳定性得到证明，系统在有限时间内到达滑模面，并在接下来的时间内在滑模面上运行。

$|F|_{\max}$ 取决于相电阻、相电感等最大扰动量，而它们又随负载大小，以及电机温度变化而变化，因此在不同工况条件下 $|F|_{\max}$ 是变化的。考虑电机运行过程中最恶劣的工况条件，求得开关增益 k 最大值，从而在整个速度和负载范围内满足 Lyapunov 稳定性原理。

滑模变结构电流控制器原理框图如图 4.10 所示。

4.1.3 自适应转矩控制

恒定的滑模开关增益难以满足不同工况条件下的高性能控制需求。为了进一步提高参数扰动和未建模扰动下的电流跟踪性能,从而获得更好的转矩控制效果,

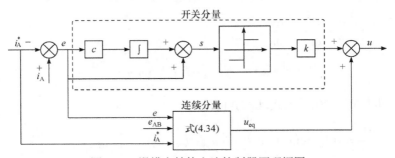

图 4.10　滑模变结构电流控制器原理框图

本节在 4.1.2 节的基础上设计开关增益自适应电流控制器。如图 4.11 所示，该自适应电流控制器由两部分组成：一部分为根据模型参考自适应控制获得的连续控制量，该控制量用于抑制参数不确定性或参数扰动对电流控制性能的影响；另一部分为根据积分滑模控制获得的开关控制量，该控制量用于解决未建模扰动及连续控制量中估计参数在收敛过程产生的扰动对电流控制性能的影响[4]。

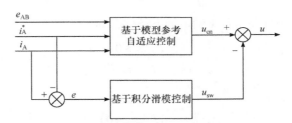

图 4.11　自适应电流控制器的结构简图

由图 4.11 可知，电流控制器的输出电压 u 由连续控制量 u_{cn} 和开关控制量 u_{sw} 两部分组成。下面首先在忽略未建模扰动的情况下，基于模型参考自适应控制设计连续控制量，从而保证电机在参数扰动下仍能获得良好的电流控制性能。然后，针对未建模扰动及连续控制量在瞬态收敛过程中产生的扰动，基于积分滑模控制设计开关增益自适应调节的开关控制量。

1. 基于模型参考自适应控制的连续控制量设计

由式(4.24)和式(4.25)可知，A 相电流微分方程可表示为

$$\frac{\mathrm{d}i_{A}}{\mathrm{d}t} = -ai_{A} + b(u - e_{AB}) + f \tag{4.39}$$

式中，$a=(R_{N}+\Delta R)/(L_{N}+\Delta L)$；$b=1/2(L_{N}+\Delta L)$。

在忽略系统未建模扰动 f 的情况下，A 相电流微分方程为

$$\frac{\mathrm{d}i_{A}}{\mathrm{d}t} = -ai_{A} + b(u - e_{AB}) \tag{4.40}$$

由式(4.39)可知，当不考虑系统中的参数扰动和未建模扰动时，理想控制电压 u_r 可由参考模型直接获得，即

$$\frac{\mathrm{d}i_A^*}{\mathrm{d}t} = -a_0 i_A^* + b_0(u_r - e_{AB}) \tag{4.41}$$

式中，i_A^* 是由式(4.23)获得的参考电流。

由式(4.40)减去式(4.41)可得电流误差微分方程，即

$$\frac{\mathrm{d}e}{\mathrm{d}t} = -ae + (a_0 - a)i_A^* + b(u - e_{AB}) - b_0(u_r - e_{AB}) \tag{4.42}$$

在连续控制电压 u_{cn} 单独作用的情况下，即 $u=u_{cn}$，为了补偿电机实际参数与标称参数的差值，设计连续控制电压为

$$u_{cn} = \theta_1 i_A^* + \theta_2(u_r - e_{AB}) + e_{AB} \tag{4.43}$$

式中，θ_1 和 θ_2 为用于补偿电机参数偏差的估计参数。

将式(4.43)代入式(4.42)，可得

$$\frac{\mathrm{d}e}{\mathrm{d}t} = -ae + (a_0 - a + b\theta_1)i_A^* + (b\theta_2 - b_0)(u_r - e_{AB}) \tag{4.44}$$

由于 $a>0$，当 θ_1 和 θ_2 自适应调节至其期望值 θ_1^* 和 θ_2^* 时，即

$$\begin{cases} \theta_1 = \theta_1^* = \dfrac{a - a_0}{b} \\ \theta_2 = \theta_2^* = \dfrac{b_0}{b} \end{cases} \tag{4.45}$$

在 u_{cn} 作用下，式(4.44)表示的电流误差将收敛于零。

根据 Lyapunov 理论，设计估计参数的自适应律为

$$\begin{cases} \dfrac{\mathrm{d}\theta_1}{\mathrm{d}t} = -\gamma i_A^* e \\ \dfrac{\mathrm{d}\theta_2}{\mathrm{d}t} = -\gamma(u_r - e_{AB})e \end{cases}, \quad \theta_{i\min} \leqslant \theta_i \leqslant \theta_{i\max}, i=1,2 \tag{4.46}$$

式中，γ 为估计参数 θ_1 和 θ_2 的收敛增益，其大小决定估计参数的自适应调节速度。

根据上述分析，基于模型参考自适应算法的连续控制量的结构框图如图 4.12 所示。由此可知，只需根据式(4.41)所示的参考模型和式(4.46)所示的估计参数自适应律，即可获得连续控制量 u_{cn}。

2. 基于积分滑模控制的开关控制量设计

当基于模型参考自适应控制的连续控制量单独作用时，根据上述分析可知，

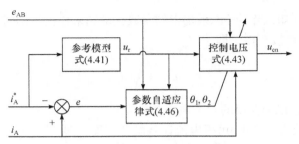

图 4.12　连续控制量的结构框图

该控制量能够解决电机参数不确定或扰动对电流控制的影响。然而，该控制量并不能有效抑制未建模扰动对电流稳态控制精度的影响。此外，当电机工况发生改变时，估计参数在尚未跟踪至其期望值的过程中也会对电流的瞬态跟踪性能产生影响。为此，在电流控制器设计中进一步引入基于积分滑模控制的开关控制量。引入的开关控制量不但可以增强电流控制器对未建模扰动的鲁棒性，还能改善电流跟踪的瞬态性能。

积分滑模面的选取同式(4.27)，开关控制量 $u_{sw} = k\mathrm{sgn}(s)$，结合式(4.43)可得电流控制器的输出电压为

$$u = \theta_1 i_A^* + \theta_2(u_r - e_{AB}) + e_{AB} - k\,\mathrm{sgn}(s) \tag{4.47}$$

结合式(4.39)和式(4.47)，可得电流误差微分方程可以简化为

$$\frac{\mathrm{d}e}{\mathrm{d}t} = -ae + (\varepsilon + f) - bk\,\mathrm{sgn}(s) \tag{4.48}$$

式中，ε 为估计参数在收敛过程中对电流控制产生的扰动，其表达式为

$$\varepsilon = (b\theta_1 + a_0 - a)i_A^* + (b\theta_2 - b_0)(u_r - e_{AB}) \tag{4.49}$$

为了连续化处理离散开关控制量，构建开关增益自适应律，引入辅助参数 ξ 且 $\xi > 0$，令

$$k = \xi|s| \tag{4.50}$$

由式(4.50)可知，开关控制量可以连续化为

$$k\,\mathrm{sgn}(s) = \xi s \tag{4.51}$$

将式(4.51)代入式(4.48)，可得电流误差微分方程，即

$$\frac{\mathrm{d}e}{\mathrm{d}t} = -(a + b\xi)e + \left(\varepsilon + f - b\xi c \int e\mathrm{d}t\right) \tag{4.52}$$

为了使电流误差积分项补偿未知扰动，选取 Lyapunov 函数，即

$$V_1 = \frac{1}{2}e^2 + \frac{1}{2b\eta_1}\left(b\xi c\int edt - \varepsilon - f\right)^2 \tag{4.53}$$

式中，η_1 为未知扰动的收敛系数，其大小决定了辅助参数 ξ 的收敛速度。

对 V_1 求导，可得

$$\frac{dV_1}{dt} = -(a+b\xi)e^2 + \left(b\xi c\int edt - \varepsilon - f\right)\left[\frac{d\xi}{dt}\cdot\frac{c}{\eta_1}\cdot\int edt + \left(\frac{c}{\eta_1}\cdot\xi - 1\right)e\right] \tag{4.54}$$

若辅助参数 ξ 满足

$$\frac{d\xi}{dt}c\int edt + (c\xi - \eta_1)e = 0 \tag{4.55}$$

则式(4.54)可进一步化简为

$$\frac{dV_1}{dt} = -(a+b\xi)e^2 \leqslant 0 \tag{4.56}$$

由于 $a+b\xi > 0$，根据 Krasovskii 定理，$e=0$ 为 Lyapunov 函数 V_1 的全局渐近稳定平衡点。因此，电流误差将收敛于零。

由上述分析可知，辅助参数 ξ 可以根据式(4.55)获得。当电流误差积分值等于零时，$\xi=\eta_1/c$；当误差积分值不等于零时，式(4.55)可进一步整理为

$$\frac{1}{(c\xi - \eta_1)}d\xi = -\frac{e}{c\int edt}dt \tag{4.57}$$

对式(4.57)求积分，可得

$$\ln|c\xi - \eta_1| = -\ln\left|\int edt\right| + \ln\eta_2 \tag{4.58}$$

式中，η_2 为辅助参数的另一个收敛系数。

由式(4.50)可知，辅助参数 ξ 与滑模控制面 s 的绝对值成反比，考虑 $c\xi > \eta_1$ 的情况，ξ 可以推导为

$$\xi = \frac{\eta_1}{c} + \frac{\eta_2}{c\left|\int edt\right|} \tag{4.59}$$

综上所述，开关增益 k 的自适应律可设计为

$$k = \begin{cases} \dfrac{\eta_1|e|}{c}, & \int edt = 0 \\[3mm] \dfrac{(\eta_1\left|\int edt\right| + \eta_2)|s|}{c\left|\int edt\right|}, & \int edt \neq 0 \end{cases} \tag{4.60}$$

根据上述分析，基于积分滑模控制的开关控制量的结构框图如图4.13所示。由图可知，开关控制量中的增益只需根据自适应律在线实时调节，便可以补偿电流控制中的广义总扰动，从而在增强电流控制器鲁棒性的同时提高电流控制的瞬态跟踪性能。

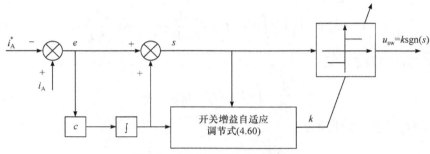

图 4.13　开关控制量的结构框图

3. 开关增益自适应电流控制器的稳定性证明

为进一步验证模型参考自适应控制量与开关增益自适应控制量相结合的电流控制器的整体稳定性，将式(4.49)代入式(4.52)可得

$$\frac{\mathrm{d}e}{\mathrm{d}t} = -(a+b\xi)e + \left(f - b\xi c\int e\mathrm{d}t \right)$$
$$+ (b\theta_1 + a_0 - a)i_\mathrm{A}^* + (b\theta_2 - b_0)(u_\mathrm{r} - e_\mathrm{AB}) \tag{4.61}$$

选取 Lyapunov 函数，即

$$V_2 = \frac{1}{2}e^2 + \frac{1}{2b\gamma}(b\theta_1 + a_0 - a)^2 + \frac{1}{2b\gamma}(b\theta_2 - b_0)^2$$
$$+ \frac{1}{2b\eta_1}\left(b\xi c\int e\mathrm{d}t - f \right)^2 \tag{4.62}$$

对 V_2 求导，可得

$$\frac{\mathrm{d}V_2}{\mathrm{d}t} = -(a+b\xi)e^2 + (b\theta_1 + a_0 - a)\left(\frac{1}{\gamma}\cdot\frac{\mathrm{d}\theta_1}{\mathrm{d}t} + i_\mathrm{A}^* e \right)$$
$$+ (b\theta_2 - b_0)\left[\frac{1}{\gamma}\cdot\frac{\mathrm{d}\theta_2}{\mathrm{d}t} + (u_\mathrm{r} - e_\mathrm{AB})e \right]$$
$$+ \left(b\xi c\int e\mathrm{d}t - f \right)\left[\frac{\mathrm{d}\xi}{\mathrm{d}t}\cdot\frac{c}{\eta_1}\cdot\int e\mathrm{d}t + \left(\frac{c}{\eta_1}\xi - 1 \right)e \right] \tag{4.63}$$

将式(4.46)和式(4.60)代入式(4.63)，化简可得

$$\frac{\mathrm{d}V_2}{\mathrm{d}t} = -(a+b\xi)e^2 \leqslant 0 \tag{4.64}$$

根据 Krasovskii 定理，$e=0$ 为 Lyapunov 函数 V_2 的全局渐近稳定平衡点，因此在估计参数自适应律和开关增益自适应律的共同作用下，电流误差能够稳定收敛于零。

上述设计的电流控制器能够根据电机运行工况自适应调节开关增益 k，具体控制器参数可通过以下步骤获得。

(1) 在连续控制量单独作用下，根据系统特征方程估计参数 θ_1 和 θ_2 的收敛增益 γ。

(2) 引入离散控制量并首先选取较小的积分滑模面系数 c，结合收敛增益 γ 的估计值，分别调节 η_1 和 η_2。其中，提高 η_1 和 η_2 对 c 的比例能够增加电流的跟踪能力，但是若比值过大也会产生较大的开关增益，从而引起转矩抖振。

(3) 增加 c 以减小电流在动态跟踪过程中的抖振。

(4) 增加 γ 以进一步改善电流跟踪的动态性能，减小不期望的跟踪超调。

最后根据上述步骤，控制器的参数 γ、c、η_1 和 η_2 分别选为 50、100、600 和 10，开关增益 k 的最大上限值为 12，估计参数 θ_1 和 θ_2 的调节范围为 $[-6, 6]$。

在电机稳态运行条件下，图 4.14(a)～图 4.14(c) 分别给出 $k=0$、$k=1$ 和 $k=3$ 的恒定开关增益转矩控制下的实验结果，图 4.14(d) 给出开关增益 k 自适应调节时的实验结果。波形从上至下分别为非换相相电流、电磁转矩和三相电流。

由图 4.14(a) 可知，当 $k=0$，即模型参考自适应控制单独作用时，未建模扰动的存在影响着电流跟踪的稳态精度，且有限的瞬态跟踪能力限制其对参考电流的动态跟踪，因此电机实际电磁转矩与参考转矩之间存在明显偏差。由图 4.14(b) 和图 4.14(c) 可知，当开关控制量参与作用时，转矩控制的稳态性能得到明显改善。通过多次实验发现，与其他恒定开关增益转矩控制下的稳态性能相比，$k=1$ 时转

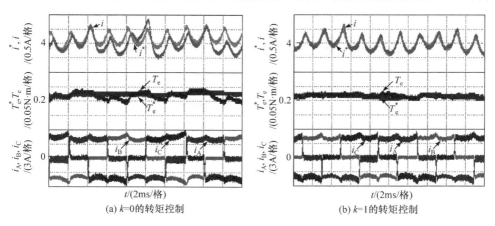

(a) $k=0$ 的转矩控制　　　　　　　　　(b) $k=1$ 的转矩控制

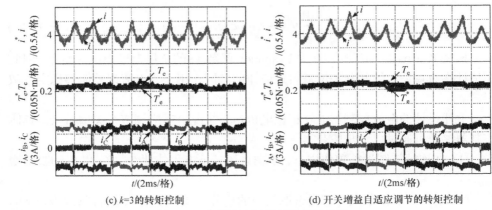

(c) k=3的转矩控制　　　　　　　　　(d) 开关增益自适应调节的转矩控制

图 4.14　电机稳态运行时的实验结果

矩控制的稳态性能最好。当开关增益选取较大，如 k=3 时，较大的高频开关增益会导致三相电流出现高频的电流纹波，该电流纹波会产生一定的高频转矩波动。由图 4.14(d)可知，所设计的开关增益自适应调节的转矩控制能够在稳态下自动调节出合适的开关增益，因此它具有与 k=1 的转矩控制相媲美甚至更好的稳态转矩性能。

　　图 4.15 给出电机稳态运行时突减负载条件下的实验结果。波形从上至下分别为电机转速、电磁转矩和估计参数。由图 4.15(a)～图 4.15(c)可知，在恒定开关增益转矩控制下，突减负载以后电磁转矩会出现剧烈波动，没有较好的跟踪参考值。由图 4.15(d)可知，所设计的开关增益自适应调节的转矩控制不但能抑制动态过程中的剧烈转矩波动，而且在空载工况下仍具有良好的跟踪性能。

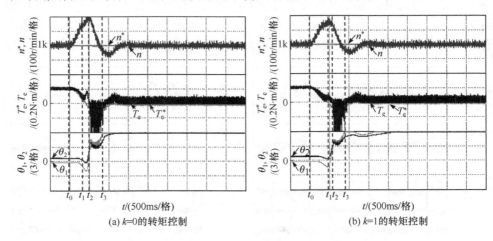

(a) k=0的转矩控制　　　　　　　　　(b) k=1的转矩控制

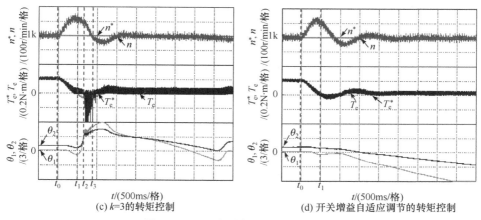

(c) $k=3$ 的转矩控制 　　(d) 开关增益自适应调节的转矩控制

图 4.15　电机突减负载时的实验结果

4.2　换相阶段转矩控制

4.2.1　换相过程暂态分析

无刷直流电机在两两导通的方波电流驱动方式下，每隔 60°电角度，定子绕组电流换相一次。实际中，受到直流侧电压限制、定子绕组电感等非理想因素的影响，换相过程中相电流不能突变，关断相电流和开通相电流的过渡过程会产生转矩波动。较大的换相转矩波动会产生振动和噪声，并降低电机的带载能力，是限制无刷直流电机高性能运行的主要问题之一。

在电动状态下，以 A⁺C⁻模式到 B⁺C⁻模式的换相过程为例进行分析。如图 4.16 所示，换相前 A、C 相导通，对应的功率管 T_{AH} 和 T_{CL} 开通，换相后 B、C 相导通，对应的功率管 T_{BH} 和 T_{CL} 开通，换相中 A、B、C 三相均导通，其中关断相电流 i_A 通过二极管 D_{AL} 续流，当 i_A 为零时换相结束。

换相阶段，三相绕组的端电压方程为

$$\begin{cases} u_{AO} = Ri_A + L\dfrac{di_A}{dt} + e_A + u_{NO} \\[2mm] u_{BO} = Ri_B + L\dfrac{di_B}{dt} + e_B + u_{NO} \\[2mm] u_{CO} = Ri_C + L\dfrac{di_C}{dt} + e_C + u_{NO} \end{cases} \tag{4.65}$$

电磁转矩为

$$T_e = \frac{e_{AB}i_A + e_{CB}i_C}{\Omega} \tag{4.66}$$

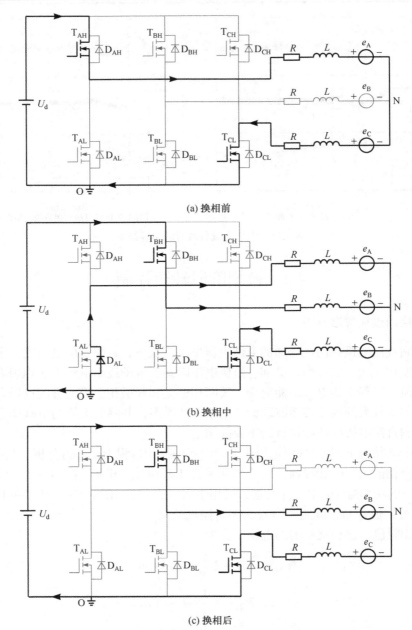

(a) 换相前

(b) 换相中

(c) 换相后

图 4.16　由 A⁺C⁻模式到 B⁺C⁻模式换相过程的等效电路

将式(4.65)的三式相加，可得电机中性点电压为

$$u_{\mathrm{NO}} = \frac{(u_{\mathrm{AO}} + u_{\mathrm{BO}} + u_{\mathrm{CO}}) - (e_{\mathrm{A}} + e_{\mathrm{B}} + e_{\mathrm{C}})}{3} \tag{4.67}$$

结合式(4.65)和式(4.67)，可得换相过程三相电流变化率为

$$\begin{cases} \dfrac{\mathrm{d}i_{\mathrm{A}}}{\mathrm{d}t} = \dfrac{2u_{\mathrm{AO}} - u_{\mathrm{BO}} - u_{\mathrm{CO}}}{3L} - \dfrac{2e_{\mathrm{A}} - e_{\mathrm{B}} - e_{\mathrm{C}}}{3L} - \dfrac{Ri_{\mathrm{A}}}{L} \\[2mm] \dfrac{\mathrm{d}i_{\mathrm{B}}}{\mathrm{d}t} = \dfrac{2u_{\mathrm{BO}} - u_{\mathrm{AO}} - u_{\mathrm{CO}}}{3L} - \dfrac{2e_{\mathrm{B}} - e_{\mathrm{A}} - e_{\mathrm{C}}}{3L} - \dfrac{Ri_{\mathrm{B}}}{L} \\[2mm] \dfrac{\mathrm{d}i_{\mathrm{C}}}{\mathrm{d}t} = \dfrac{2u_{\mathrm{CO}} - u_{\mathrm{AO}} - u_{\mathrm{BO}}}{3L} - \dfrac{2e_{\mathrm{C}} - e_{\mathrm{A}} - e_{\mathrm{B}}}{3L} - \dfrac{Ri_{\mathrm{C}}}{L} \end{cases} \tag{4.68}$$

设换相过程起始时刻为 $t = 0$，t_{cmt} 为换相时间，即从换相起始时刻至关断相电流为零所需时间，t_{Hall} 为一个 60°电角度导通区间所对应的时间。结合图 3.1(a) 可知，电动状态下，换相过程中的相反电动势为

$$\begin{cases} e_{\mathrm{A}} = E - 2Et / t_{\mathrm{Hall}} \\ e_{\mathrm{B}} = E \\ e_{\mathrm{C}} = -E \end{cases}, \quad 0 \leqslant t \leqslant t_{\mathrm{cmt}} \tag{4.69}$$

将式(4.69)代入式(4.66)可得

$$T_{\mathrm{e}} = -\frac{2Ei_{\mathrm{C}}}{\Omega} - \frac{2Ei_{\mathrm{A}}}{\Omega} \cdot \frac{t}{t_{\mathrm{Hall}}} \tag{4.70}$$

由式(4.70)可知，换相过程的转矩不仅与非换相相电流有关，还与关断相电流 i_{A} 有关。对式(4.70)求导，可得转矩的微分方程为

$$\frac{\mathrm{d}T_{\mathrm{e}}}{\mathrm{d}t} = -\frac{2E}{\Omega} \cdot \frac{\mathrm{d}i_{\mathrm{C}}}{\mathrm{d}t} - \frac{2E}{\Omega t_{\mathrm{Hall}}} \cdot \frac{\mathrm{d}(ti_{\mathrm{A}})}{\mathrm{d}t} \tag{4.71}$$

换相阶段，端电压 $u_{\mathrm{AO}} = u_{\mathrm{CO}} = 0$、$u_{\mathrm{BO}} = U_{\mathrm{d}}$，将其代入式(4.68)第 3 式，结合式(4.69)和初始条件 $i_{\mathrm{C}}(0) = -I$，可得换相阶段非换相相电流 $i_{\mathrm{C}}(t)$，即

$$i_{\mathrm{C}}(t) = -I + \frac{4E + 3RI - U_{\mathrm{d}}}{3R}(1 - \mathrm{e}^{-\frac{t}{\tau}}) - \frac{2E\tau}{3Rt_{\mathrm{Hall}}}\left[\frac{t}{\tau} - (1 - \mathrm{e}^{-\frac{t}{\tau}})\right] \tag{4.72}$$

式中，$\tau = L/R$。

对式(4.72)求导，可得

$$\frac{\mathrm{d}i_{\mathrm{C}}}{\mathrm{d}t} = \frac{4E + 3RI - U_{\mathrm{d}}}{3R\tau}\mathrm{e}^{-\frac{t}{\tau}} - \frac{2E}{3Rt_{\mathrm{Hall}}}(1 - \mathrm{e}^{-\frac{t}{\tau}}) \tag{4.73}$$

当 t/τ 足够小时，$(1 - \mathrm{e}^{-\frac{t}{\tau}}) \approx \dfrac{t}{\tau}$，将式(4.73)代入式(4.71)整理可得

$$\frac{\mathrm{d}T_{\mathrm{e}}}{\mathrm{d}t} = \frac{2E}{3L\Omega}\left[(U_{\mathrm{d}} - 4E - 3RI)\mathrm{e}^{-\frac{t}{\tau}} + \frac{2Et}{t_{\mathrm{Hall}}} - \frac{3L}{t_{\mathrm{Hall}}} \cdot \frac{\mathrm{d}(ti_{\mathrm{A}})}{\mathrm{d}t}\right] \tag{4.74}$$

令 T_{e0} 为换相前两相导通时的稳态转矩值，对式(4.74)积分，可得

$$T_e(t) = T_{e0} + \frac{2Et}{3L\Omega}\left(U_d - 4E - 3RI + \frac{Et}{t_{Hall}} - \frac{3L}{t_{Hall}}i_A\right) \tag{4.75}$$

换相阶段，根据 U_d 与 $4E+3RI$ 之间的大小关系，可以将转矩波动分为三种情况。当 $U_d < 4E+3RI$ 时，关断相电流下降速率大于开通相电流上升速率。在这种情况下，关断相电流减小为零，即 $i_A = 0$ 时，换相转矩波动量 ΔT_e 最大，由式(4.75)可得

$$\Delta T_e = T_e(t_{cmt}) - T_{e0} = \frac{2Et_{cmt}}{3L\Omega}\left(U_d - 4E - 3RI + \frac{Et_{cmt}}{t_{Hall}}\right) \tag{4.76}$$

由式(4.76)可知，换相过程中的转矩波动量与直流母线电压、电机转速、负载、换相时间有关，当换相时间较短且 $t_{cmt} \ll t_{Hall}$ 时，式(4.76)可简化为

$$\Delta T_e = \frac{2Et_{cmt}}{3L\Omega}(U_d - 4E - 3RI) \tag{4.77}$$

根据式(4.77)可知，当 $U_d < 4E+3RI$ 时，换相过程转矩减小。在这种情况下，关断相电流 i_A 下降为零时，开通相电流 i_B 还未达到稳态值。三相电流的变化如图 4.17(a)所示。

按照上述相似的分析过程，当 $U_d > 4E+3RI$ 时，换相过程转矩增大，在这种情况下关断相电流 i_A 还未下降到零时，开通相电流 i_B 已经达到稳态值，三相电流的变化如图 4.17(b)所示。当 $U_d = 4E+3RI$ 时，换相过程转矩保持不变。在这种情况下，关断相电流 i_A 下降至零时开通相电流 i_B 也达到稳态值。三相电流的变化如图 4.17(c)所示。

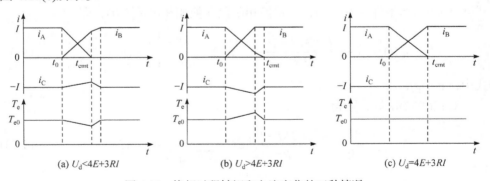

图 4.17　换相过程转矩和电流变化的三种情况

4.2.2　分时换相转矩控制

无刷直流电机换相暂态过程复杂，而且转矩波动量随着转速和负载的变化而

变化。相比同时控制激励相绕组导通和断开的换相方法，分时换相策略分别控制开通相绕组的导通时刻和关断相绕组的断开时刻，从而改变关断相电流和开通相电流的变化速率，达到减小换相转矩波动的目的[5]。

本节仍以 A⁺C⁻模式到 B⁺C⁻模式的换相过程为例，对分时换相策略进行说明。在 t_{on} 时刻，开通 B 相，在 t_{off} 时刻，关断 A 相，其中 $t_{on} \neq t_{off}$；在 t_{cmt} 时刻，A 相电流 i_A 衰减为零。不妨设关断相绕组仍在传统换相点处断开，即 t_{off} 取为线反电动势过零时刻，则开通相绕组有超前导通和滞后导通两种情况。下面分别分析先开通后关断、先关断后开通两种换相方式对换相阶段转矩波动的影响。

1. 先关断后开通的换相方式

这种换相方式是先关断 A 相，在其衰减为零前开通 B 相，即 $t_{off} < t_{on} < t_{cmt}$，下面对各阶段转矩的变化进行说明。

设 $t_{off} = 0$，当 $t_{off} \leqslant t < t_{on}$ 时，$i_A = -i_C$，$i_B = 0$，由式(4.70)可得转矩，即

$$T_e = -\frac{2Ei_C}{\Omega} + \frac{2Ei_C}{\Omega} \cdot \frac{t}{t_{Hall}} \tag{4.78}$$

为便于分析，忽略相电阻压降，此时由式(4.68)和式(4.69)可得电流 i_C 的变化率，即

$$\frac{di_C}{dt} = \frac{u_{CO} - u_{AO}}{2L} - \frac{e_C - e_A}{2L} = \frac{E}{L}\left(1 - \frac{t}{t_{Hall}}\right) \tag{4.79}$$

求取转矩的微分方程，整理可得

$$\frac{dT_e}{dt} = \frac{2E}{L\Omega}\left[\left(\frac{Et}{t_{Hall}} - E\right) + \frac{L}{t_{Hall}}\frac{d(ti_C)}{dt}\right] \tag{4.80}$$

对式(4.80)积分可得

$$T_e(t) = T_e(t_{off}) + \frac{2Et}{L\Omega}\left[E\left(\frac{t}{2t_{Hall}} - 1\right) + \frac{L}{t_{Hall}}i_C(t)\right] \tag{4.81}$$

由于 $t < t_{Hall}$ 且 $i_C < 0$，结合式(4.81)可知，相比于 t_{off} 时刻的转矩，t_{on} 时刻的转矩将减小，且转矩减小量为

$$T_e(t_{on}) - T_e(t_{off}) = \frac{2Et_{on}}{L\Omega}\left[E\left(\frac{t_{on}}{2t_{Hall}} - 1\right) + \frac{L}{t_{Hall}}i_C(t_{on})\right] \tag{4.82}$$

同理，相比于 t_{on} 时刻的转矩，t_{cmt} 时刻转矩的变化量为

$$T_e(t_{cmt}) - T_e(t_{on}) = \frac{2E}{3L\Omega}\left\{(t_{cmt} - t_{on})\left[U_d - 4E + \frac{E(t_{cmt} + t_{on})}{t_{Hall}}\right] + \frac{3L}{t_{Hall}}t_{on}i_A(t_{on})\right\}$$

$$\tag{4.83}$$

由式(4.83)可知，根据转速和负载的不同，t_{cmt} 时刻转矩变化量可能增加也可能减小。但在一定运行工况下，如电机低速运行且满足 $U_d > 4E$ 时，相比于 t_{on} 时刻的转矩，t_{cmt} 时刻的转矩将增加。

由上述分析可知，在先关断后开通的换相方式下，换相过程中转矩会出现先减小再增加的情况，转矩变化的示意图如图 4.18 所示。相比于 4.2.1 节同时控制激励相绕组导通和断开的换相方式，先关断后开通的换相方式通过合理选择开通相的滞后角可以在一定程度上削弱转矩波动。

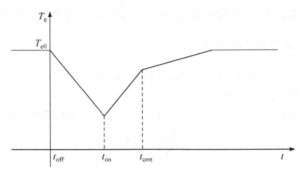

图 4.18　先关断后开通换相方式下转矩变化的示意图

2. 先开通后关断的换相方式

这种换相方式是先开通 B 相，再关断 A 相，即 $t_{on} < t_{off} < t_{cmt}$。下面对各阶段转矩的变化进行说明。

设 $t_{off} = 0$，当 $t_{on} \leqslant t < t_{off}$ 时，三相反电动势为

$$\begin{cases} e_A = E \\ e_B = E + 2Et/t_{Hall}, \quad t_{on} \leqslant t < t_{off} \\ e_C = -E \end{cases} \tag{4.84}$$

结合式(4.66)可得转矩，即

$$T_e = -\frac{2Ei_C}{\Omega} + \frac{2Ei_B}{\Omega} \cdot \frac{t}{t_{Hall}} \tag{4.85}$$

求取转矩的微分方程，整理可得

$$\frac{dT_e}{dt} = \frac{2E}{3L\Omega}\left[2U_d - 4E - \frac{2Et}{t_{Hall}} + \frac{3L}{t_{Hall}}\frac{d(ti_B)}{dt}\right] \tag{4.86}$$

对式(4.86)积分可得

$$T_e(t) = T_e(t_{on}) + \frac{2E}{3L\Omega}\left\{(t-t_{on})\left[2U_d - 4E - \frac{E(t+t_{on})}{t_{Hall}}\right] + \frac{3Lt}{t_{Hall}}i_B\right\} \tag{4.87}$$

由于 $U_d > 2E$ 且 $t_{on} \leqslant t < 0$，因此由式(4.87)可知，相比于 t_{on} 时刻的转矩，t_{off} 时刻的转矩将增大，且转矩增加量为

$$T_e(t_{off}) - T_e(t_{on}) = -\frac{2Et_{on}}{3L\Omega}\left(2U_d - 4E - \frac{Et_{on}}{t_{Hall}}\right) \tag{4.88}$$

同理，相比于 t_{off} 时刻的转矩，t_{cmt} 时刻转矩的变化量为

$$T_e(t_{cmt}) - T_e(t_{off}) = \frac{2Et_{cmt}}{3L\Omega}\left(U_d - 4E + \frac{Et_{cmt}}{t_{Hall}}\right) \tag{4.89}$$

由式(4.89)可知，t_{cmt} 时刻转矩变化量可能增加也可能减小。但在一定运行工况下，如电机高速运行且满足 $U_d < 4E - Et_{cmt}/t_{Hall}$ 时，相比于 t_{on} 时刻的转矩，t_{cmt} 时刻的转矩将减小。

由上述分析可知，在先开通后关断的换相方式下，换相过程中转矩会出现先增加再减小的情况，图 4.19 为转矩变化的示意图。相比于 4.2.1 节同时控制激励相绕组导通和断开的换相方式，先开通后关断的换相方式通过合理选择开通相的超前角可以在一定程度上削弱转矩波动。

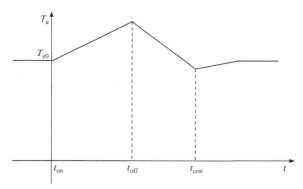

图 4.19　先开通后关断换相方式下转矩变化的示意图

3. 最佳分时换相策略

由上面分析可以看出，通过超前或者滞后一定角度控制激励相绕组的开通，可以减小换相转矩波动。在最佳分时换相时刻，换相转矩波动平均值达到最小，可表示为如下优化问题，即

$$\min \overline{T}_{e\sigma} = \min \frac{\int |T_e - T_{e0}| \mathrm{d}t}{t} \tag{4.90}$$

式中，$\overline{T}_{e\sigma}$ 为一段区间内换相转矩波动的平均值。

最佳分时换相时刻与电机速度、负载等因素有关。在电机不同运行状态下，开

通相的最佳超前角或者滞后角与反电动势和电流幅值的关系难以用传统的数学方法准确描述，从而影响最优问题的求解。模糊控制策略则不依赖精确的数学模型，根据采样得到的输入信号和控制规则，经模糊推理确定输出大小。因此，采用二维模糊控制器确定最佳分时换相时刻，控制器输入为反电动势幅值和电流幅值的标幺值，输出为激励相绕组超前开通或滞后开通的电角度。

首先，将反电动势幅值 E 和电流幅值 I 的标幺值分别映射到[-1, 1]，其模糊子集取为 5 个，分别为 PB、PS、ZE、NS、NB。设检测到的 E 和 I 服从正态分布，可得到各个模糊子集的隶属度。然后，采用 Mamdani 最小运算规则推理法求解不同输入模糊量情况下的输出模糊量，通过输出解模糊过程可以确定不同转速、负载转矩条件下激励相绕组的最佳开通时刻，从而达到减小电机换相转矩波动的目的。表 4.3 给出无刷直流电机激励相绕组开通时刻的模糊控制规则表。

表 4.3　无刷直流电机激励相绕组开通时刻的模糊控制规则

E	I				
	NB	NS	ZE	PS	PB
NB	NB	NB	NS	NS	ZE
NS	NS	NS	NS	NS	PS
ZE	ZE	ZE	ZE	ZE	PS
PS	PS	PS	PS	PS	PB
PB	PS	PS	PB	PB	PB

4.2.3　脉冲宽度调制的换相转矩控制

由 4.2.1 节分析可知，采用同时控制激励相绕组导通和断开的换相方法会产生较大的转矩波动，其主要原因是由于换相过程中开通相电流和关断相电流的变化速率不匹配导致的。在换相阶段，对功率器件进行一定频率的斩波，控制绕组的端电压，可以改变开通相电流和关断相电流的变化速率，从而减小换相转矩波动。本节分析换相阶段最佳的 PWM 调制方式，在有效抑制换相转矩波动的同时获得最短换相时间[6]。

仍以 A^+C^- 模式到 B^+C^- 模式的换相过程为例，当换相时间很短且 $t_{cmt} \ll t_{Hall}$ 时，忽略换相阶段关断相反电动势的变化，有 $e_A = e_B = -e_C = E$。结合式(4.66)，电磁转矩为

$$T_e = \frac{-2Ei_C}{\Omega}, \quad i_C < 0 \tag{4.91}$$

由式(4.91)可知，通过维持非换相相电流 i_C 平稳，可实现换相转矩波动抑制。设一个调制周期内，电流 i_C 的平均值为$-I$，即 $\mathrm{avg}[i_C] = -I$，则由式(4.68)可知，

非换相相电流变化率的平均值为

$$\left.\frac{\mathrm{d}i_C}{\mathrm{d}t}\right|_{\mathrm{avg}} = \frac{2U_{\mathrm{CO}} - U_{\mathrm{AO}} - U_{\mathrm{BO}} + 4E + 3RI}{3L} \tag{4.92}$$

式中，U_{AO}、U_{BO} 和 U_{CO} 为三相绕组端电压的平均值。

令(4.92)为零来维持非换相相电流平稳，此时三相绕组端电压需要满足如下关系，即

$$U_{\mathrm{AO}} + U_{\mathrm{BO}} - 2U_{\mathrm{CO}} = 4E + 3RI \tag{4.93}$$

此外，结合式(4.68)的第 1 式和初始条件 $i_{\mathrm{A}}(0)=I$，可求得换相时间 t_{cmt}，即

$$t_{\mathrm{cmt}} = \frac{L}{R}\ln\left(1 + \frac{3IR}{U_{\mathrm{BO}} + U_{\mathrm{CO}} - 2U_{\mathrm{AO}} + 2E}\right) \tag{4.94}$$

为维持非换相相电流的平稳进而抑制换相转矩波动，绕组端电压需要满足式(4.93)。由于 A、B、C 相端电压值均可通过对相应功率器件进行 PWM 斩波来改变，其满足

$$\begin{cases} 0 \leqslant U_{\mathrm{AO}} \leqslant U_{\mathrm{d}} \\ 0 \leqslant U_{\mathrm{BO}} \leqslant U_{\mathrm{d}} \\ 0 \leqslant U_{\mathrm{CO}} \leqslant U_{\mathrm{d}} \end{cases} \tag{4.95}$$

满足式(4.93)的端电压组合(U_{AO}、U_{BO}、U_{CO} 的不同取值)有多种情况。对于不同的端电压组合，换相时间 t_{cmt} 也不相同，为了在满足式(4.93)的基础上取得最短换相时间。将式(4.93)代入式(4.94)消去 U_{CO}，可得换相时间为

$$t_{\mathrm{cmt}} = \frac{L}{R}\ln\left(1 + \frac{2IR}{U_{\mathrm{BO}} - U_{\mathrm{AO}} - IR}\right) \tag{4.96}$$

为实现换相时间 t_{cmt} 最短，由式(4.96)可知，只需 $U_{\mathrm{BO}}-U_{\mathrm{AO}}$ 取得最大值。由于换相时间是在保证非换相相电流维持平稳的前提下得到，因此必须同时满足

$$\begin{cases} 0 \leqslant U_{\mathrm{AO}} \leqslant U_{\mathrm{d}} \\ 0 \leqslant U_{\mathrm{BO}} \leqslant U_{\mathrm{d}} \\ 0 \leqslant U_{\mathrm{CO}} \leqslant U_{\mathrm{d}} \\ U_{\mathrm{AO}} + U_{\mathrm{BO}} - 2U_{\mathrm{CO}} = 4E + 3RI \end{cases} \tag{4.97}$$

将式(4.97)的第 4 式代入式(4.97)的第 3 式可得

$$4E + 3RI \leqslant U_{\mathrm{AO}} + U_{\mathrm{BO}} \leqslant 2U_{\mathrm{d}} + 4E + 3RI \tag{4.98}$$

当 $U_{\mathrm{d}} \geqslant 4E+3RI$ 时，结合式(4.97)和式(4.98)，可得绕组端电压方程约束范围(图 4.20 阴影部分)。

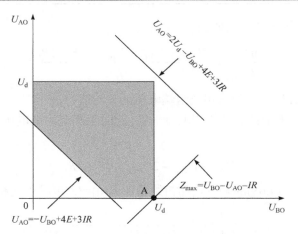

图 4.20　$U_d \geqslant 4E+3RI$ 时端电压方程约束范围

如图 4.20 所示，当 PWM 斩波作用于不同功率器件时，存在多种端电压组合满足式(4.97)。然而，根据线性规划求解可知，当端电压方程满足

$$\begin{cases} U_{AO} = 0 \\ U_{BO} = U_d \\ U_{CO} = 0.5U_d - 2E - 1.5IR \end{cases} \tag{4.99}$$

即位于图 4.20 的 A 点时，$U_{BO}-U_{AO}$ 取得最大值。

将式(4.99)代入式(4.96)可知，当 $U_d \geqslant 4E+3RI$ 时最短换相时间为

$$t_{\text{cmt\_min}} = \frac{L}{R}\ln\left(1 + \frac{2IR}{U_d - IR}\right), \quad U_d \geqslant 4E + 3RI \tag{4.100}$$

结合式(4.99)和式(4.100)可知，在 $U_d \geqslant 4E+3RI$ 情况下取得最短换相时间时，关断相桥臂的功率器件均关断，开通相上桥臂的功率器件恒通，非换相相下桥臂的功率器件进行 PWM 斩波。图 4.21 给出换相阶段非换相相调制方式下各功率器件的开关状态，其中非换相相下桥臂功率管 T_{CL} 的占空比 d_C 为

$$d_C = 0.5 + \frac{2E + 1.5IR}{U_d} \tag{4.101}$$

由上述分析可知，当 $U_d \geqslant 4E+3RI$ 时，采用非换相相调制方式可以有效抑制换相转矩波动的同时获得最短的换相时间。

同理，当 $U_d < 4E+3RI$ 时，结合式(4.97)和式(4.98)，可得绕组端电压方程约束范围(图 4.22 阴影部分)。

如图 4.22 所示，根据线性规划求解可知，当端电压方程满足

$$\begin{cases} U_{\mathrm{AO}} = 4E + 3RI - U_{\mathrm{d}} \\ U_{\mathrm{BO}} = U_{\mathrm{d}} \\ U_{\mathrm{CO}} = 0 \end{cases} \tag{4.102}$$

即位于图 4.22 的 B 点时，U_{BO}-U_{AO} 取得最大值。

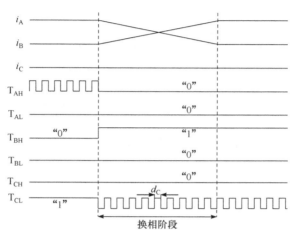

图 4.21　非换相相调制方式下功率器件的开关状态

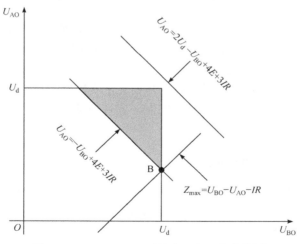

图 4.22　$U_{\mathrm{d}} < 4E + 3RI$ 时端电压方程约束范围

将式(4.102)代入式(4.96)可知，当 $U_{\mathrm{d}} < 4E + 3RI$ 时，最短换相时间为

$$t_{\mathrm{cmt\_min}} = \frac{L}{R} \ln\left(1 + \frac{IR}{U_{\mathrm{d}} - 2E - 2IR}\right), \quad U_{\mathrm{d}} < 4E + 3IR \tag{4.103}$$

结合式(4.102)和式(4.103)可知，在 $U_{\mathrm{d}} < 4E + 3RI$ 情况下取得最短换相时间时，

关断相上桥臂的功率器件进行 PWM 斩波，开通相上桥臂和非换相相下桥臂的功率器件恒通。图 4.23 给出换相阶段关断相调制方式下各功率器件的开关状态，其中关断相上桥臂功率管 T_{AH} 的占空比 d_A 为

$$d_A = \frac{4E + 3IR}{U_d} - 1 \tag{4.104}$$

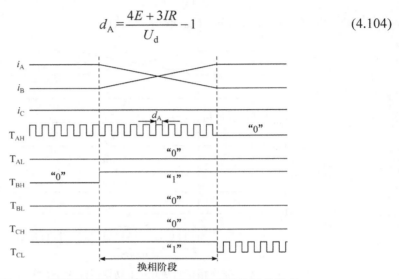

图 4.23 换相阶段关断相调制方式下功率器件的开关状态

当 $U_d < 4E+3RI$ 时，采用关断相调制方式在一定程度上可以有效抑制换相转矩波动的同时获得最短的换相时间。然而，由式(4.103)可知，随着转速不断增加，特别是电机在额定工况下运行时，$2E+2IR$ 接近 U_d，此时换相时间将很长，甚至比转子转过 60°电角度的时间还要长，从而无法实现有效抑制换相转矩波动的目的。也就是说，由于直流母线电压的限制，通过单纯的调制方式抑制换相转矩波动的转速范围会受限。

4.2.4 变母线电压的换相转矩控制

一种有效解决有限直流侧电压对换相转矩波动抑制影响的方法是变母线电压法，其基本思想是在传统电压源逆变器的前端添加升压拓扑结构，或者采用其他具有升压机制的新型逆变器来改变直流母线电压。本节主要介绍两种变母线电压的换相转矩控制方法，第一种是基于无感升压拓扑的换相转矩波动抑制方法；第二种是基于 Cuk 变换器的换相转矩波动抑制方法[7-9]。

1. 基于无感升压拓扑的换相转矩波动抑制

为了升高直流母线电压，满足换相阶段的电压需求，首先设计一种结构简单的无感升压拓扑。该拓扑只包含一个功率二极管、一个功率 MOSFET 和一个储能

电容，不需要添加额外的电感及其他功率器件。图 4.24 为添加无感升压拓扑的无刷直流电机系统等效电路，图中 T_1 和 D_1 分别为功率 MOSFET 及其反并联二极管，D_2 为直流侧功率二极管，u_{cap} 和 i_{cap} 为储能电容 C 的电压和电流。

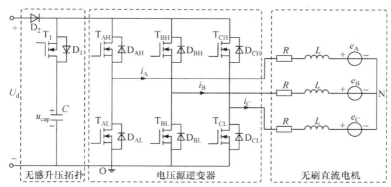

图 4.24　添加无感升压拓扑的无刷直流电机系统等效电路

由图 4.24 可知，该驱动系统包含无感升压拓扑、电压源逆变器和无刷直流电机三部分。当电机工作在正常导通阶段时，无感升压拓扑利用电机绕组电感的续流作用产生的反向电流实现升压功能；当电机工作在换相阶段时，通过开通无感升压拓扑中的功率器件可以向电机提供升高的电容电压，从而解决逆变器直流侧电压限制对电机换相转矩波动抑制的影响，获得更好的转矩波动抑制效果。

以导通模式 B$^+$C$^-$ 为例进行分析。根据无感升压拓扑中功率器件和逆变器中功率器件的开关状态，构建四种类型电压矢量，即 V_{m0}(01001)、V_{m1}(11001)、V_{a0}(11000) 和 V_{a1}(00000)，其中每个矢量中的逻辑值从左至右分别表示功率管 T_1、T_{BH}、T_{BL}、T_{CH} 和 T_{CL} 的开关状态。

如图 4.25(a) 所示，在矢量 V_{m0}(01001) 作用下，T_{BH} 和 T_{CL} 导通，其余功率器件均关断。此时，直流电源 U_d 向电机供电，电机的输入线电压为 $u_{BC} = U_d$ 且电容电压保持不变。

如图 4.25(b) 所示，在矢量 V_{m1}(11001) 作用下，T_1、T_{BH} 和 T_{CL} 均导通，其余功率器件均关断。此时，储能电容通过 T_1、T_{BH} 和 T_{CL} 向电机供电，$u_{BC} = u_{cap}$，并且电容电压因电容放电而减小。

如图 4.25(c) 所示，在矢量 V_{a0}(11000) 作用下，T_1 和 T_{BH} 导通，其余功率器件均关断。此时，$u_{BC} = 0$ 且电容电压保持不变。需要说明的是，在这种情况下 T_1 的开关状态对电机输入线电压和电容电压均无影响，这里以 T_1 导通为例。

如图 4.25(d) 所示，在矢量 V_{a1}(00000) 作用下，所有功率器件均关断。由于电机绕组电感的存在，电流通过 T_1、T_{BL} 和 T_{CH} 的反并联二极管续流向电容充电。此时，$u_{BC} = -u_{cap}$ 且电容电压因电容充电而增加。

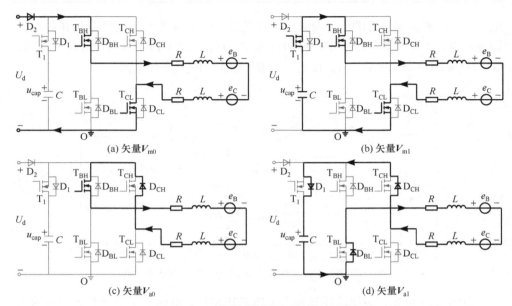

图 4.25　不同矢量作用下的等效电路

　　通过上述分析可知，在 V_{m0} 和 V_{m1} 作用下电机输入线电压大于零，在 V_{a0} 和 V_{a1} 作用下电机输入线电压小于或等于零。通过不同矢量的组合，能够调节电机输入线电压，从而实现电机的调速功能。此外，V_{m1} 能够减小电容电压，V_{a1} 能够增加电容电压。V_{m0} 和 V_{a0} 对电容电压均没有影响。通过合理选择矢量，能够实现储能电容的调压功能。由于电容的调压过程需要一定时间，为了在换相时刻快速提供所需的直流母线电压，期望在正常导通阶段实现电机调速的同时完成储能电容的调压。

　　正常导通阶段，根据 4 种矢量对电机输入线电压和储能电容电压的影响，可以得到不同矢量组合下储能电容具有三种工作模式，即恒压模式、升压模式和降压模式。

　　(1) 储能电容恒压模式。该模式下选择矢量 V_{m0} 和矢量 V_{a0} 共同作用，一个控制周期内平均输入线电压 U_{BC} 为

$$U_{BC} = d_1 U_d + (1-d_1)0 = d_1 U_d \tag{4.105}$$

式中，d_1 为恒压模式下 V_{m0} 的占空比。

　　(2) 储能电容升压模式。该模式下选择矢量 V_{m0} 和矢量 V_{a1} 共同作用，一个控制周期内平均输入线电压 U_{BC} 为

$$U_{BC} = d_2 U_d + (1-d_2)(-U_{cap}) = d_2(U_d + U_{cap}) - U_{cap} \tag{4.106}$$

式中，d_2 为升压模式下 V_{m0} 的占空比；U_{cap} 为一个控制周期内电容电压的平均值。

（3）储能电容降压模式。该模式下选择矢量 V_{m1} 和矢量 V_{a0} 共同作用，一个控制周期内平均输入线电压 U_{BC} 为

$$U_{BC} = d_3 U_{cap} + (1-d_3)0 = d_3 U_{cap} \tag{4.107}$$

式中，d_3 为降压模式下 V_{m1} 的占空比。

将式(4.105)分别代入式(4.106)和式(4.107)，以恒压模式下矢量占空比 d_1 为基准，相同电机输入线电压下 d_2 和 d_3 分别为

$$\begin{cases} d_2 = \dfrac{d_1 U_d + U_{cap}}{U_d + U_{cap}} \\ d_3 = \dfrac{d_1 U_d}{U_{cap}} \end{cases} \tag{4.108}$$

由式(4.105)～式(4.108)可知，这三种工作模式均能够使电机输入线电压满足 $U_{BC} \in [0, U_d]$，从而保证正常导通阶段电机调速所需的电压。此外，根据电容电压 U_{cap} 与参考电压 U_{ref} 的比较关系选择合适的工作模式，可以升高储能电容电压以供换相过程使用。设电压滞环比较器的环宽设为 w_0，不同电容电压范围内储能电容的工作模式和矢量组合如表 4.4 所示。

表 4.4　储能电容不同电压范围内的工作模式和矢量组合

电容电压范围	储能电容工作模式	矢量组合
$U_{ref} \leqslant U_{cap} < U_{ref} + w_0$	恒压模式	V_{m0} 和 V_{a0}
$U_{cap} < U_{ref}$	升压模式	V_{m0} 和 V_{a1}
$U_{ref} + w_0 \leqslant U_{cap}$	降压模式	V_{m1} 和 V_{a0}

换相阶段，利用升高的电容电压并配合不同矢量的共同作用可以维持非换相相电流平稳，从而有效抑制换相转矩波动。以 A+C-模式到 B+C-模式的换相过程为例，在全速范围内采用矢量组合 V_{m1} 和 V_{a0}。当矢量 V_{m1} 和 V_{a0} 单独作用时，换相阶段三相绕组的端电压为

$$u_{AO} = \begin{cases} 0, & V_{m1} \\ 0, & V_{a0} \end{cases}; \quad u_{BO} = \begin{cases} U_{cap}, & V_{m1} \\ U_{cap}, & V_{a0} \end{cases}; \quad u_{CO} = \begin{cases} 0, & V_{m1} \\ U_{cap}, & V_{a0} \end{cases} \tag{4.109}$$

换相阶段，设矢量 V_{m1} 的占空比为 d_{cmt}，此时各绕组端电压的平均值为

$$\begin{cases} U_{AO} = 0 \\ U_{BO} = U_{cap} \\ U_{CO} = (1-d_{cmt})U_{cap} \end{cases} \tag{4.110}$$

将式(4.110)代入式(4.93)可知，为了维持非换相相电流平稳，占空比 d_{cmt} 为

$$d_{\text{cmt}} = 0.5 + \frac{2E + 1.5RI}{U_{\text{cap}}} \qquad (4.111)$$

因为占空比 $0 \leqslant d_{\text{cmt}} \leqslant 1$，由式(4.111)可知储能电容电压需满足

$$U_{\text{cap}} \geqslant 4E + 3RI \qquad (4.112)$$

另外，将式(4.110)和式(4.111)代入式(4.94)，可得当关断相电流减小至零时所需的时间为

$$t_{\text{cmt}} = \frac{L}{R} \ln\left(1 + \frac{2IR}{U_{\text{cap}} - IR}\right) \qquad (4.113)$$

综上所述，在满足式(4.112)条件下，换相阶段通过矢量 V_{m1} 和矢量 V_{a0} 共同作用，能够在全速范围内有效抑制换相转矩波动。此外，由式(4.113)可知，换相时间与电容电压有关，且电容电压越大，换相过程所需的时间越短。

2. 基于 Cuk 变换器的换相转矩波动抑制

在 3.4.1 节对升降压模式下的 Cuk 变换器的工作原理进行了分析，由分析可知，对于不同的负载连接方式，Cuk 变换器具有不同的输出模式，图 4.26(a)和图 4.26(b)分别为升降压模式与升压模式下的 Cuk 变换器。

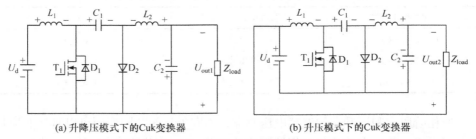

(a) 升降压模式下的Cuk变换器　　　　　　　　(b) 升压模式下的Cuk变换器

图 4.26　两种不同输出模式下的 Cuk 变换器

对比图 4.26(a)与图 4.26(b)，虽然两种输出模式具有不同的负载连接方式，但具有相同的工作原理，即式(3.46)和式(3.47)对于升压模式下的 Cuk 变换器同样成立。由图 4.26(b)可知，升压模式下的 Cuk 变换器输出电压 $U_{\text{out2}} = U_{\text{d}} + U_{C2}$，结合式(3.47)，$U_{\text{out2}}$ 可表示为

$$U_{\text{out2}} = U_{\text{d}} + U_{C2} = \frac{U_{\text{d}}}{1 - d_1} \qquad (4.114)$$

式中，d 为功率管 T_1 的占空比。

由式(4.114)可知，升压模式下的 Cuk 变换器输出电压始终大于电源电压 U_{d}，这为升高直流母线电压，满足换相阶段的电压需求提供了可能。

　　本节将两种不同输出模式的 Cuk 变换器合为一体,并通过设计模式选择电路来切换 Cuk 变换器的输出模式,如图 4.27 所示。图中模式选择电路由功率 MOSFET T_2 与功率二极管 D_3 构成,T_2 与 D_3 处于互补导通状态,通过控制 T_2 的导通与关断可使 Cuk 变换器工作在不同的输出模式,进而得到不同输出电压,且两种输出模式均为无刷直流电机提供能量。

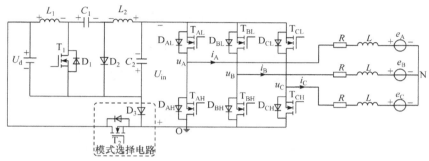

图 4.27　基于 Cuk 变换器输出模式切换的无刷直流电机系统等效电路

　　在正常导通阶段,令 Cuk 变换器工作在升降压模式,此时 T_2 关断,D_3 导通,逆变桥的输入电压 $U_{in} = U_{C2}$。换相阶段,为了升高逆变桥输入电压,维持非换相相电流的平稳,令 Cuk 变换器工作在升压模式,此时 T_2 导通,D_3 由于承受反向电压 U_d 而关断,逆变桥输入电压 $U_{in} = U_d + U_{C2}$。换相阶段,Cuk 变换器中功率管 T_1 的占空比仍采用换相前正常导通阶段内的占空比 d_1,结合式(3.48)可知,此时逆变桥输入电压 U_{in} 具体为

$$U_{in} = U_{C2} + U_d = \frac{d_1 U_d}{1 - d_1} + U_d$$
$$= 2E + 2RI + U_d \tag{4.115}$$

　　无刷直流电机运行时满足 $U_d \geqslant 2E + 2RI$(U_d 等于电机额定电压 U_N),由式(4.115)可知,Cuk 变换器工作在升压模式时逆变桥输入电压 $U_{in} \geqslant 4E + 4RI$。为了维持非换相相电流平稳,换相阶段采用换相时间较短的非换相相调制方式。将升高的逆变桥输入电压 U_{in} 替代式(4.101)中采用传统逆变器时的输入电压 U_d,可得此时非换相相下桥臂功率管 T_{CL} 的占空比 d_C,即

$$d_C = 0.5 + \frac{2E + 1.5IR}{U_d + 2E + 2RI} \tag{4.116}$$

　　由式(4.116)可知,换相阶段占空比满足 $d_C \in [0, 1]$。也就是说,在全速范围内,升压模式下的 Cuk 变换器输出电压可以满足换相阶段的电压需求,从而有效抑制换相转矩波动。

　　下面以基于 Cuk 变换器的换相转矩波动抑制方法为例,对变母线电压的换相

转矩控制方法进行验证。在电机额定运行工况下，图 4.28(a)给出基于传统电压源逆变器的 ON-PWM 调制方法的实验结果；图 4.28(b)给出基于 Cuk 变换器的换相转矩波动抑制方法的实验结果。所示波形从上至下分别为三相电流、转矩、逆变桥输入电压、A 相 PWM 脉冲，对于变母线电压法还包括 Cuk 变换器驱动信号 T_1，模式选择电路开关信号 T_2(高电平表示功率器件处于导通状态)。

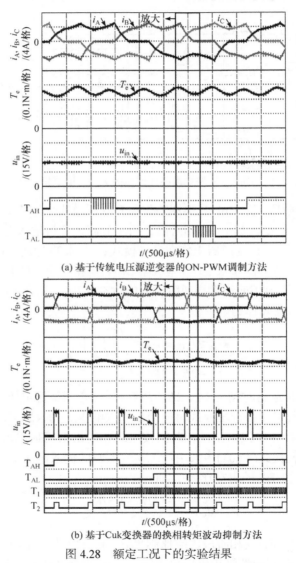

(a) 基于传统电压逆变器的ON-PWM调制方法

(b) 基于Cuk变换器的换相转矩波动抑制方法

图 4.28   额定工况下的实验结果

由图 4.28 可以看出，采用基于三相电压源型逆变器的 ON-PWM 调制方法，非换相相电流无法维持平稳，且转矩波动率达到 37.3%，而采用基于 Cuk 变换器的换相转矩波动抑制方法，非换相相电流保持平稳，且转矩波动率下降至 7.2%。

图 4.29(a)与图 4.29(b)分别为图 4.28(a)与图 4.28(b)换相阶段的放大图。由图 4.29(a)可以看出，采用基于传统电压源逆变器的 ON-PWM 调制方法时，由于直流母线电压的限制，换相阶段 PI 电流控制器的输出饱和，非换相相功率器件的占空比达到阈值上限 1。由图 4.29(b)可以看出，检测到换相信号时，模式选择电路的功率管 T₂ 导通，Cuk 变换器工作在升压模式，升高了逆变桥输入电压，可以满足换相阶段的电压需求，同时将 PWM 斩波作用于非换相相，可以有效维持非换相相电流的平稳。

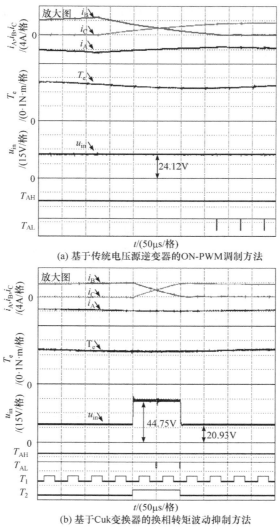

(a) 基于传统电压源逆变器的 ON-PWM 调制方法

(b) 基于 Cuk 变换器的换相转矩波动抑制方法

图 4.29　额定工况下换相阶段的实验结果放大图

4.3　制动转矩控制

　　制动状态是电机运行的另一个重要状态。利用电气制动方式产生与电机旋转方向相反的力矩，可以使其快速停转或者从高速降至低速，特别是在回馈制动方式下，电机的机械能可转换为电能存储在储能装置以提高能量的利用率。然而，与电动状态相比，制动状态下在相同转子位置区间内绕组的导通模式发生改变，从而导致相电流回路和电流变化趋势发生改变，因此对转矩进行控制的情况也有较大不同。本节首先对 9 种调制方式下制动转矩可控性进行分析；然后综合不同调制方式下换相转矩波动得以抑制的转速范围，阐述单极性调制方式和双极性调制方式下的制动转矩控制方法[10]。

4.3.1　制动转矩可控性分析

　　无刷直流电机制动运行时，反接制动和回馈制动是两种常用的电气制动方式。根据无刷直流电机制动运行特点，本节归纳出 9 种制动调制方式。如表 4.5 所示，表中定义(s_{AH} s_{AL} s_{BH} s_{BL} s_{CH} s_{CL})表示功率管 T_{AH}、T_{AL}、T_{BH}、T_{BL}、T_{CH} 和 T_{CL} 的开关状态，其中"1"代表功率管开通，"0"代表关断，"D"代表功率管以占空比 D 进行 PWM 斩波。

　　根据不同导通模式下功率器件的开关状态，可以将以上 9 种调制方式分为三类。第一类，由单极性调制方式 OFF-PWM、PWM-OFF、H-PWM_L-OFF 和 H-OFF_L-PWM 组成，当电机采用此类调制方式进行制动时，电机动能可转化为电能返回到直流端，从而实现回馈制动。

　　第二类，包括单极性调制方式 ON-PWM、PWM-ON、H-ON_L-PWM 和 H-PWM_L-ON，当电机采用此类调制方式进行制动时，由电源和反电动势反向串联共同产生制动电流，从而实现反接制动。

　　第三类为双极性调制方式 H-PWM_L-PWM，该类调制方式既可以将电机动能转化成电能返回到直流端，又可以从电源吸收能量来维持电机输出充足的制动转矩。

表 4.5　制动状态下 9 种常用调制方式

导通模式	OFF-PWM	PWM-OFF	H-OFF_L-PWM	H-PWM_L-OFF	ON-PWM	PWM-ON	H-ON_L-PWM	H-PWM_L-ON	H-PWM_L-PWM
B⁺A⁻	00D000	000D00	0D0000	00D000	01D000	0D1000	0D1000	01D000	0DD000
C⁺A⁻	0D0000	0000D0	0D0000	0000D0	0D0010	0100D0	0D0010	0100D0	0D00D0
C⁺B⁻	0000D0	000D00	000D00	000D00	0001D0	000D10	000D10	0001D0	000DD0
A⁺B⁻	000D00	D00000	000D00	D00000	100D00	D00100	100D00	D00100	D00D00

续表

导通模式	OFF-PWM	PWM-OFF	H-OFF_L-PWM	H-PWM_L-OFF	ON-PWM	PWM-ON	H-ON_L-PWM	H-PWM_L-ON	H-PWM_L-PWM
A⁺C⁻	D00000	00000D	00000D	D00000	D00001	10000D	10000D	D00001	D0000D
B⁺C⁻	00000D	00D000	00000D	00D000	00100D	00D001	00100D	00D001	00D00D

由图 3.1(b)可知，在制动状态下，导通相电流与反电动势的乘积为负值，从而产生反向的电磁转矩。以导通模式 C⁺B⁻ 为例，假设反电动势为理想的梯形波，正常导通阶段相反电动势 $e_B = -e_C = E$，电磁转矩表示为

$$T_e = \frac{-2Ei_C}{\Omega}, \quad i_C > 0 \tag{4.117}$$

由式(4.117)可知，正常导通阶段，相电流 i_C 与制动转矩幅值成比例关系，通过绕组相电流的变化趋势可以分析不同调制方式下制动转矩的可控性。

1) 实现回馈制动的单极性调制方式

以单极性 OFF-PWM 调制方式为例对制动转矩可控性进行分析。由表 4.5 可知，在 C⁺B⁻ 模式下，T_{CH} 以占空比 D 进行斩波，其余功率管关断。当 T_{CH} 开通时，如图 4.30(a)所示，由于线反电动势 $e_{CB} = -2E$，在 e_{CB} 激励下，电流 i_C 流经 T_{CH} 和反并联二极管 D_{BH}，此时线电压 $u_{CB} = 0$；当 T_{CH} 关断时，如图 4.30(b)所示，在 e_{CB} 和电感电压激励下，电流 i_C 流经反并联二极管 D_{CL} 和 D_{BH}，此时 $u_{CB} = -U_d$。

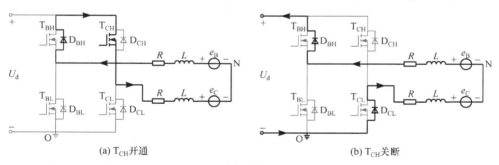

图 4.30　在 C⁺B⁻ 模式下，采用 OFF-PWM 调制方式时正常导通阶段的等效电路

在制动状态下，由于 $e_{CB} = -k_e\Omega$，因此结合式(3.2)可得相电流 i_C 满足如下微分方程，即

$$\frac{di_C}{dt} + \frac{Ri_C}{L} = \frac{u_{CB} + k_e\Omega}{2L} \tag{4.118}$$

当 T_{CH} 开通时，$u_{CB} = 0$，由式(4.118)可得电流 i_C，即

$$i_C = \left(i_0 - \frac{k_e\Omega}{2R}\right)e^{-\frac{t}{\tau}} + \frac{k_e\Omega}{2R} \tag{4.119}$$

式中，i_0 为电流 i_C 的初始值。

设 $i_0 = I > 0$，由式(4.119)可得电流 i_C 的变化率，即

$$\frac{di_C}{dt} = -\frac{1}{\tau}\left(I - \frac{k_e\omega}{2R}\right)e^{-\frac{t}{\tau}} \tag{4.120}$$

由于 T_{CH} 的开通时间小于调制周期 T_s，并且 $T_s \ll \tau$，可认为 $e^{-t/\tau} \approx 1$，因此式(4.120)可以化简为

$$\frac{di_C}{dt} \approx -\frac{1}{\tau}\left(I - \frac{k_e\Omega}{2R}\right) \tag{4.121}$$

令式(4.121)为零，并记此时的转速为 Ω_{val}，则有

$$\Omega_{val} = \frac{2RI}{k_e} \tag{4.122}$$

结合式(4.121)和式(4.122)可知，当 T_{CH} 开通时，电流 i_C 的变化率满足

$$\begin{cases} \dfrac{di_C}{dt} > 0, & \Omega > \Omega_{val} \\[2mm] \dfrac{di_C}{dt} < 0, & \Omega < \Omega_{val} \end{cases} \tag{4.123}$$

当 T_{CH} 关断时，则 $u_{CB} = -U_d$，按照式(4.118)～式(4.121)的推导过程可得此时电流 i_C 的变化率，即

$$\frac{di_C}{dt} \approx -\frac{1}{\tau}\left(I + \frac{U_d - k_e\Omega}{2R}\right) \tag{4.124}$$

由于 $U_d > k_e\Omega$，结合式(4.124)可知，当 T_{CH} 关断时，任何工况下 $di_C/dt < 0$ 恒成立。

由上述分析可知，在 C$^+$B$^-$模式下，采用 OFF-PWM 调制方式时，若电机转速较高且 $\Omega_{val} < \Omega \leqslant \Omega_N$ (Ω_N 为电机额定的机械角速度)，如图 4.31(a)所示，在每个调制周期内，T_{CH} 开通和关断状态下，电流 i_C 的变化方向相反，此时通过调节占空比 D 可以保证电流 i_C 平稳，即 $avg[i_C] = I$。当 $0 \leqslant \Omega < \Omega_{val}$ 时，则在一个调制周期内不论 T_{CH} 开通还是关断，电流 i_C 的变化率始终小于零。如图 4.31(b)所示，此时相电流 i_C 不断减小并偏离设定值，并且随着转速降低，偏离程度会逐渐增加。

同理，在其他导通模式下，可以得到与上述相同的分析结果。也就是说，在 OFF-PWM 调制方式下，当转速范围为[Ω_{val}, Ω_N]时，通过调节占空比 D 可以维持相电流平稳，从而保证制动转矩的可控性；当转速范围为[0, Ω_{val})时，相电流

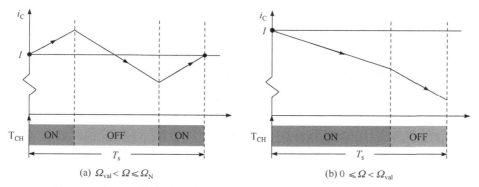

(a) $\varOmega_{\mathrm{val}} < \varOmega \leqslant \varOmega_{\mathrm{N}}$　　　　　　　　　(b) $0 \leqslant \varOmega < \varOmega_{\mathrm{val}}$

图 4.31　在 C⁺B⁻模式下，采用 OFF-PWM 调制方式时相电流变化示意图

幅值随着转速降低不断减小，从而无法对制动转矩的大小进行控制。类似地，采用其他三种单极性调制方式 PWM-OFF、H-PWM_L-OFF 和 H-OFF_L-PWM 实现回馈制动时，制动转矩可控的转速范围也为[$\varOmega_{\mathrm{val}}$，$\varOmega_{\mathrm{N}}$]。

2) 实现反接制动的单极性调制方式

下面以实现反接制动的单极性调制方式 ON-PWM 为例，对制动转矩可控性进行分析。由表 4.5 可知，在 C⁺B⁻模式下，采用 ON-PWM 调制方式时，T_{CH} 以占空比 D 进行斩波，T_{BL} 导通，其余功率管关断。如图 4.32(a)所示，当 T_{CH} 开通时，由于线反电动势 $e_{\mathrm{CB}} = -k_{\mathrm{e}}\varOmega < 0$，在 e_{CB} 和母线电压 U_{d} 激励下，电流 i_C 流经 T_{CH} 和 T_{BL}。当 T_{CH} 关断时，如图 4.32(b)所示，在 e_{CB} 和电感电压激励下，电流 i_C 流经 T_{BL} 和反并联二极管 D_{CL}。

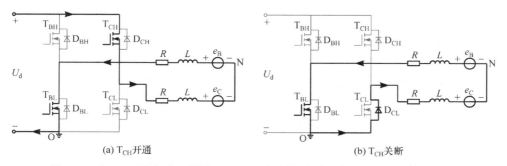

(a) T_{CH}开通　　　　　　　　　　　(b) T_{CH}关断

图 4.32　在 C⁺B⁻模式下，采用 ON-PWM 调制方式时正常导通阶段的等效电路

当 T_{CH} 开通时，$u_{\mathrm{CB}} = U_{\mathrm{d}}$，按照式(4.99)～式(4.102)的推导过程，可得此时电流 i_C 的变化率，即

$$\frac{\mathrm{d}i_C}{\mathrm{d}t} \approx -\frac{1}{\tau}\left(I - \frac{U_{\mathrm{d}} + k_{\mathrm{e}}\varOmega}{2R} \right) \tag{4.125}$$

由于 $U_{\mathrm{d}} \geqslant 2RI_{\mathrm{N}} + k_{\mathrm{e}}\varOmega_{\mathrm{N}}$，结合式(4.125)可知，当 T_{CH} 开通时，任何工况下 $\mathrm{d}i_C/\mathrm{d}t > 0$

恒成立。

　　当 T_{CH} 关断时，$u_{CB} = 0$，结合式(4.118)可知，此时相电流变化率同样满足式(4.123)所示的关系。

　　由式(4.125)和式(4.123)可知，在 C⁺B⁻模式下，采用 ON-PWM 调制方式时，若电机转速较高且 $\Omega_{val} < \Omega \leqslant \Omega_N$，则在一个控制周期内不论 T_{CH} 开通还是关断，电流 i_C 的变化率始终大于零。如图 4.33(a)所示，此时电流 i_C 不断增加且偏离设定值，并且随着转速升高，偏离程度会逐渐增加。当 $0 \leqslant \Omega < \Omega_{val}$ 时，如图 4.33(b)所示，每个调制周期内，在不同开关状态下，电流 i_C 的变化方向相反，此时通过调节占空比 D 可以保证相电流平稳。

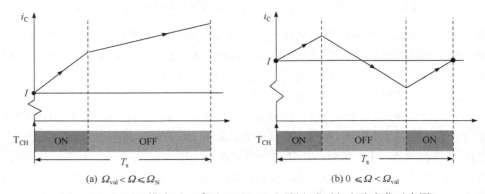

(a) $\Omega_{val} < \Omega \leqslant \Omega_N$　　　　　　　　　　(b) $0 \leqslant \Omega < \Omega_{val}$

图 4.33　在 C⁺B⁻模式下，采用 ON-PWM 调制方式时相电流变化示意图

　　同理，在其他导通模式下，可以得到与上述相同的分析结果。也就是说，在 ON-PWM 调制方式下，制动转矩在转速区间[0，Ω_{val}]上可控，但是在转速区间(Ω_{val}，Ω_N]上，其绝对值会随着转速的增加而不断增大，从而无法对制动转矩的大小进行控制。类似地，采用其他三种单极性调制方式 PWM-ON、H-ON_L-PWM 和 H-PWM_L-ON 实现反接制动时，制动转矩可控的转速范围也为[0，Ω_{val}]。

　　3) 双极性调制方式

　　由表 4.5 可知，在双极性 H-PWM_L-PWM 调制方式下，T_{CH} 和 T_{BL} 在一个调制周期内同时以占空比 D 进行斩波。当 T_{CH} 和 T_{BL} 开通时，线电压 $u_{CB} = U_d$，此时相电流 i_C 的变化率如同式(4.125)所示；当 T_{CH} 和 T_{BL} 关断时，线电压 $u_{CB} = -U_d$，此时相电流 i_C 的变化率如同式(4.124)所示。

　　结合式(4.124)和式(4.125)可知，当 T_{CH} 和 T_{BL} 开通时，任何工况下 $di_C/dt > 0$ 恒成立；当 T_{CH} 和 T_{BL} 关断时，$di_C/dt < 0$ 恒成立。由于每个调制周期内不同开关状态下电流 i_C 的变化方向相反，因此可以通过调节占空比 D 保证相电流平稳。令 $avg[di_C/dt] = 0$，可求得占空比 D 为

$$D = \frac{1}{2} + \frac{2RI - k_e\Omega}{2U_d} \tag{4.126}$$

由式(4.126)可知，在任何工况下占空比均满足 $D \in [0, 1]$。因此，在 H-PWM_L-PWM 调制方式下，制动转矩在全速范围$[0, \Omega_N]$均可控。

综上所述，在制动状态下，电机采用单极性调制方式进行制动时，存在制动转矩大小不可控的转速区间；采用双极性调制方式时，在全速范围内均可以通过调节占空比 D 保证相电流平稳，从而保证制动转矩大小可控。

4.3.2 双极性调制方式下制动转矩控制

由 4.3.1 节分析可知，采用双极性 H-PWM_L-PWM 调制方式时，正常导通阶段通过调节功率器件的占空比，可以在全速范围内保证相电流平稳。然而，电机制动运行时，由于每隔 60°电角度，定子绕组电流换相一次，因此同样存在三相绕组均导通的换相阶段。为了实现良好的制动转矩控制，在保证制动转矩可控的同时还应有效抑制换相转矩波动。

下面以 C⁺A⁻模式到 C⁺B⁻模式的换相过程为例，对制动状态下 H-PWM_L-PWM 调制方式的换相转矩波动抑制进行分析。忽略换相阶段反电动势的变化，则 $e_A = e_B = -e_C = E$。此时，电磁转矩 $T_e = -2Ei_C/\Omega(i_C > 0)$。因此，在制动状态下，同样可以通过维持非换相相电流 i_C 平稳来抑制换相转矩波动。

结合式(4.68)可知，在制动状态下，非换相相电流 i_C 的变化率为

$$\frac{di_C}{dt} = \frac{2u_{CO} - u_{AO} - u_{BO} + 2k_e\Omega - 3Ri_C}{3L} \tag{4.127}$$

在换相阶段，功率管 T_{AH} 和 T_{AL} 均关断。然而，由于电流在换相过程中不能突变，因此关断相电流 i_A 通过二极管 D_{AH} 进行续流。如图 4.34 所示，当 T_{CH} 和 T_{BL} 导通时，$u_{AO} = u_{CO} = U_d$、$u_{BO} = 0$；当 T_{CH} 和 T_{BL} 关断时，$u_{AO} = u_{BO} = U_d$、$u_{CO} = 0$。

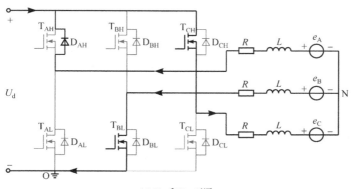

(a) T_{CH}和T_{BL}开通

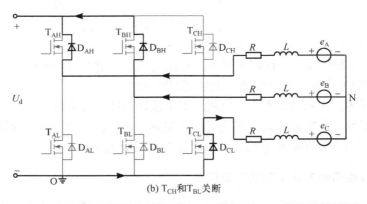

(b) T$_{CH}$和T$_{BL}$关断

图 4.34　在 H-PWM_L-PWM 调制方式下，由 C$^+$A$^-$模式到 C$^+$B$^-$模式换相过程的等效电路

结合式(4.127)可知，采用 H-PWM_L-PWM 调制方式，不同开关状态下非换相相电流的变化率为

$$\frac{di_C}{dt} = \begin{cases} \dfrac{U_d + 2k_e\Omega - 3Ri_C}{3L}, & s_{CH}=1\,且\,s_{BL}=1 \\ \dfrac{-2U_d + 2k_e\Omega - 3Ri_C}{3L}, & s_{CH}=0\,且\,s_{BL}=0 \end{cases} \tag{4.128}$$

设一个调制周期内，电流 i_C 的平均值为 I，即 $\text{avg}[i_C]=I$，则结合式(4.128)可知，非换相相电流变化率的平均值为

$$\left.\frac{di_C}{dt}\right|_{avg} = \frac{(3D_c-2)U_d + 2k_e\Omega - 3RI}{3L} \tag{4.129}$$

式中，D_c 为换相阶段功率管 T$_{CH}$ 和 T$_{BL}$ 的占空比。

在换相阶段，为了维持非换相相电流平稳，令 $\text{avg}[di_C/dt]=0$ 可求得占空比 D_c，即

$$D_c = \frac{2U_d - 2k_e\Omega + 3RI}{3U_d} \tag{4.130}$$

同理，对于其他导通模式的换相过程，可以得到与式(4.130)相同的结果。

由式(4.130)可得使占空比满足 $D_c\in[0,1]$ 时的转速范围为

$$\frac{3RI - U_d}{2k_e} \leqslant \Omega \leqslant \frac{2U_d + 3RI}{2k_e} \tag{4.131}$$

由于 $U_d \geqslant 2RI_N + k_e\Omega_N$，结合式(4.131)可知，在制动状态下，采用 H-PWM_L-PWM 调制方式时，可以有效抑制全速范围内的换相转矩波动。

综上所述，在制动状态下，双极性 H-PWM_L-PWM 调制方式在全速范围内可以保证制动转矩大小可控，同时可以有效抑制换相转矩波动，从而实现良好的

制动转矩控制。

4.3.3 单极性调制方式下制动转矩控制

与双极性调制方式相比，在单极性调制方式下，每个调制周期内定子电流振荡幅值相对较小，且功率器件的开关次数较少。然而，采用单极性调制方式时，不仅存在制动转矩可控性问题，同样还存在换相转矩波动问题。本节对 8 种单极性制动调制方式下的换相转矩波动抑制进行分析，综合考虑不同调制方式下制动转矩可控的转速范围，构建优化的组合调制方法，从而在全速范围内实现良好的制动转矩控制[11]。

1. 实现回馈制动的单极性调制方式

下面以 C⁺A⁻模式到 C⁺B⁻模式的换相过程为例，对 OFF-PWM 调制方式的换相转矩波动抑制进行分析。由表 4.5 可知，换相阶段在 OFF-PWM 调制方式下，T_{CH} 进行斩波，其他功率管关断。由图 4.35 所示的等效电路可知，当 T_{CH} 开通时，$u_{AO}=u_{BO}=u_{CO}=U_d$；当 T_{CH} 关断时，$u_{AO}=u_{BO}=U_d$、$u_{CO}=0$。

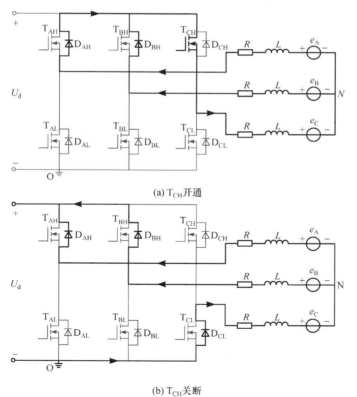

(a) T_{CH}开通

(b) T_{CH}关断

图 4.35　在 OFF-PWM 调制方式下，由 C⁺A⁻模式到 C⁺B⁻模式换相过程的等效电路

结合式(4.127)可知，采用 OFF-PWM 调制方式时，不同开关状态下非换相相电流的变化率为

$$\frac{\mathrm{d}i_C}{\mathrm{d}t} = \begin{cases} \dfrac{2k_e\omega - 3Ri_C}{3L}, & s_{CH} = 1 \\[3mm] \dfrac{-2U_d + 2k_e\omega - 3Ri_C}{3L}, & s_{CH} = 0 \end{cases} \tag{4.132}$$

采用单极性调制方式时，正常导通阶段存在的制动转矩可控性问题会影响换相阶段的转矩控制。为便于分析，这里不妨先假设换相开始前正常导通阶段的相电流已经稳定为 I。

在换相阶段，为了维持非换相相电流平稳，令 $\mathrm{avg}[\mathrm{d}i_C/\mathrm{d}t]=0$，可求得 T_{CH} 的占空比 D_c，即

$$D_c = 1 + \frac{3RI - 2k_e\Omega}{2U_d} \tag{4.133}$$

同理，对于其他导通模式的换相过程，可以得到与式(4.133)相同的结果。

由式(4.133)可得使占空比满足 $D_c \in [0, 1]$ 的转速范围为

$$\frac{3RI}{2k_e} \leqslant \Omega \leqslant \frac{2U_d + 3RI}{2k_e} \tag{4.134}$$

由式(4.134)可知，采用 OFF-PWM 调制方式时，在假设换相开始前电流已经稳定的条件下，换相转矩波动得以抑制的转速区间为 $[\Omega_P, \Omega_N]$，其中 $\Omega_P = 3RI/(2k_e)$。

相似地，可以推导出采用 PWM-OFF、H-OFF_L-PWM 和 H-PWM_L-OFF 调制方式时，在假设换相开始前电流已经稳定的条件下，换相转矩波动得以抑制的转速区间均为 $[\Omega_R, \Omega_N]$，其中 $\Omega_R = (U_d+3RI)/(2k_e)$。

2. 实现反接制动的单极性调制方式

按照上述相似的推导过程，可以对实现反接制动的单极性调制方式下的换相转矩波动抑制进行分析。经分析可知，在假设换相开始前电流已经稳定的条件下，采用 ON-PWM 调制方式时，换相转矩波动得以抑制的转速区间为 $[0, \Omega_R]$；采用 PWM-ON、H-ON_L-PWM 和 H-PWM_L-ON 其他三种调制方式时，换相转矩波动得以抑制的转速区间均为 $[0, \Omega_P]$。

上述关于换相转矩波动抑制的分析假设换相开始前正常导通阶段的相电流已经稳定。然而，由 4.3.1 节分析可知，在单极性调制方式下，则存在制动转矩不可控的转速区间，即随着电机转速的变化，输出转矩会偏离设定值，此时无法满足换相开始前电流已经稳定的条件。也就是说，只有在保证正常导通阶段制动转矩

大小可控的前提下，换相阶段的转矩波动才可能得到有效抑制。综合 4.3.1 节的分析结果，图 4.36 给出 8 种单极性调制方式下制动转矩可控的转速区间示意图，以及假设换相开始前电流已经稳定的条件下换相转矩波动得以抑制的转速区间。

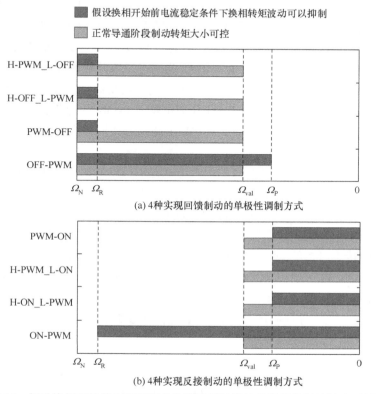

图 4.36　假设换相开始前电流稳定条件下换相转矩波动得以抑制的转速区间和制动转矩可控的转速区间示意图

　　在图 4.36(a) 所示的 4 种回馈制动调制方式中，以 OFF-PWM 为例，在假设换相开始前电流已经稳定的条件下，所求取的换相转矩波动得以抑制的转速区间为 $[\Omega_P, \Omega_N]$。实际上，在该调制方式下，制动转矩可控的转速区间为 $[\Omega_{val}, \Omega_N]$。由于 $\Omega_P < \Omega_{val}$，因此在该调制方式下，制动转矩可控且换相转矩波动得以抑制的转速区间为 $[\Omega_{val}, \Omega_N]$，而在转速区间 $[\Omega_P, \Omega_{val})$ 上制动转矩不可控，进而无法满足换相开始前电流已经稳定的条件。同理，在图 4.36(b) 所示的 4 种反接制动调制方式中，以 ON-PWM 为例，在假设换相开始前电流已经稳定的条件下，所求取的换相转矩波动得以抑制的转速区间为 $[0, \Omega_R]$。实际上，在该调制方式下，制动转矩可控的转速区间为 $[0, \Omega_{val}]$，其中 $\Omega_R > \Omega_{val}$，即在该调制方式下制动转矩可控且换相转矩波动得以抑制的转速区间为 $[0, \Omega_{val}]$，而在转速区间 $(\Omega_{val}, \Omega_R]$ 上由于制动转矩不可控，无法满足换相开始前电流已经稳定的条件。

由上述分析可以看出，在全速范围内，采用任意一种单极性调制方式均无法保证制动转矩可控同时换相转矩波动得以抑制。因此，在整个制动过程中，需要将回馈制动调制方式和反接制动调制方式相结合。最直接的结合方式是在转速区间$[\Omega_{val}, \Omega_N]$上采用 OFF-PWM 调制方式；在转速区间$[0, \Omega_{val}]$上采用 ON-PWM 调制方式。将这两种调制方式相结合时，理论上可以实现良好的制动转矩控制。实际上，在 ON-PWM 调制方式下，二极管续流将导致开通相提前导通。因此，当电机运行在转速区间$[0, \Omega_{val}]$时，仍会产生一定的转矩波动。另外，由表 4.5 可知，ON-PWM 可以等效为 H-ON_L-PWM 和 H-PWM_L-ON 两种调制方式的组合。因此，采用 H-PWM_L-ON 和 H-ON_L-PWM 调制方式同样会导致电机的开通相提前导通。

由图 4.36 可知，另一种有效的组合方式是 OFF-PWM 和 PWM-ON 调制方式相结合。如图 4.37 所示，将整个转速范围分为 3 个区间，并且在不同转速区间采用不同的调制方式。定义区间 I 为$[0, \Omega_P]$，区间 II 为$(\Omega_P, \Omega_{val}]$，区间 III 为$(\Omega_{val}, \Omega_N]$。在转速区间 I 上，无论正常导通阶段还是换相阶段均采用 PWM-ON 调制方式，以实现制动转矩可控的同时抑制换相转矩波动；在转速区间 II 上，正常导通阶段采用 PWM-ON 调制方式以保证制动转矩可控，换相阶段采用 OFF-PWM 调制方式以抑制换相转矩波动，通过这两种调制方式配合来输出平稳的制动转矩；在转速区间 III 上，正常导通阶段和换相阶段均采用 OFF-PWM 调制方式。

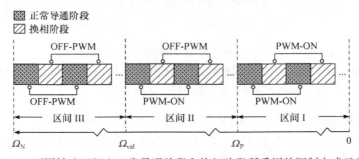

图 4.37　不同转速区间上正常导通阶段和换相阶段所采用的调制方式示意图

图 4.38 给出转矩设定值为-3.2N·m，采用 H-OFF_L-PWM 调制方式时电机制动过程中的实验波形，所示波形从上至下分别为转速、三相电流、直流母线电流、机械转矩。由图 4.38(a)可知，在制动过程中，当电机转速小于某一值后，随着转速继续下降，输出转矩幅值逐渐减小，制动转矩将变得不可控。因此，在整个制动过程，输出转矩不能维持在设定值。此外，由局部放大图 4.38(b)可知，即使在制动转矩可控区域，若不考虑换相转矩波动抑制，仍存在较大的转矩波动且达到 22.1%。

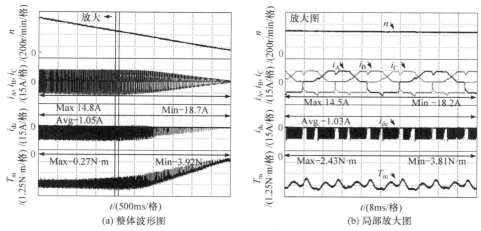

图 4.38　在 $T_e^* = -3.2\mathrm{N \cdot m}$，采用 H-OFF_L-PWM 调制方式时电机制动过程的实验结果

图 4.39 给出转矩设定值为−3.2N·m，采用 OFF-PWM 和 PWM-ON 调制方式相结合时电机制动过程中的实验波形。由图 4.39(a)可知，在整个制动过程中，该组合调制方法可以实现良好的制动转矩控制，且转矩波动率 K_{rT} 减小为 13.4%。由图 4.39(b)和图 4.39(d)所示的放大图可知，在转速区间 III 和区间 I 分别采用 OFF-PWM 和 PWM-ON 调制方式,保证制动转矩可控的同时有效抑制换相转矩波动。由图 4.39(c)所示的局部放大图可知，在转速区间 II，通过 OFF-PWM 和 PWM-ON 调制方式的共同配合同样可以保证制动转矩可控的同时有效抑制换相转矩波动，从而实现转矩控制。

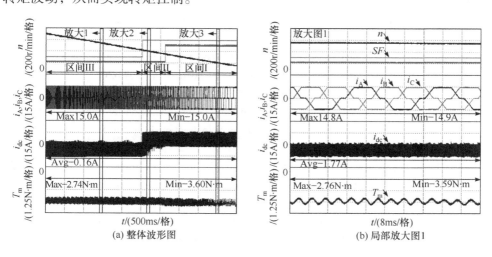

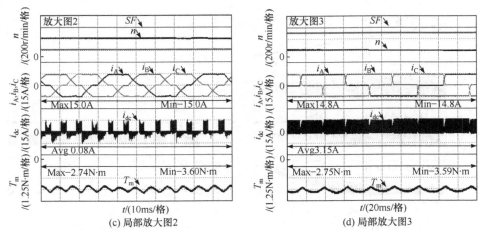

(c) 局部放大图2   (d) 局部放大图3

图 4.39   在 $T_e^* = -3.2\mathrm{N \cdot m}$，采用 OFF-PWM 和 PWM-ON 调制方式相结合时
电机制动过程的实验结果

参 考 文 献

[1] Zhu Z Q, Leong J H. Analysis and mitigation of torsional vibration of PM brushless AC/DC drives with direct torque controller[J]. IEEE Transactions on Industrial applications, 2012, 48(4): 1296-1306.

[2] Shi T N, Cao Y F, Jiang G K, et al. A torque control strategy for torque ripple reduction of brushless DC motor with nonideal back electromotive force[J]. IEEE Transactions on Industrial Electronics, 2017, 64(6): 4423-4433.

[3] Xia C L, Xiao Y W, Chen W, et al. Torque ripple reduction in brushless DC drives based on reference current optimization using integral variable structure control[J]. IEEE Transactions on Industrial Electronics, 2014, 61(2): 738-752.

[4] Xia C L, Jiang G K, Chen W, et al. Switching-gain adaptation current control for brushless DC motors[J]. IEEE Transactions on Industrial Electronics, 2016, 63(4): 2044-2052.

[5] 陈炜. 永磁无刷直流电机换相转矩脉动抑制技术研究[D]. 天津: 天津大学, 2006.

[6] Cao Y F, Shi T N, Liu Y P, et al. Commutation torque ripple reduction for brushless DC motors with commutation time shortened[C]//Proceedings of International Electric Machines and Drives, Miami, 2017: 21-24.

[7] Shi T N, Guo Y T, Song P, et al. A new approach of minimizing commutation torque ripple for brushless DC motor based on DC-DC Converter[J]. IEEE Transactions on Industrial Electronics, 2010, 57(10): 3483-3490.

[8] Chen W, Liu Y P, Li X M, et al. A novel method of reducing commutation torque ripple for brushless DC motor based on Cuk converter[J]. IEEE Transactions on Power Electronics, 2017, 32(7): 5497-5508.

[9] Jiang G K, Xia C L, Chen W, et al. Commutation torque ripple suppression strategy for brushless

DC motors with a novel non-inductive boost front end[J]. IEEE Transactions on Power Electronics, 2018, 33(5): 4274-4284.

[10] Shi T N, Niu X Z, Chen W, et al. Commutation torque ripple reduction of brushless DC motor in braking operation[J]. IEEE Transactions on Power Electronics, 2018, 33(2): 1463-1475.

[11] Cao Y F, Shi T N, Niu X Z, et al. A smooth torque control strategy for brushless DC motor in braking operation[J]. IEEE Transactions on Energy Conversion, 2018, 33(3): 1443-1452.

第5章 无刷直流电机无位置传感器控制技术

无位置传感器控制方式下的无刷直流电机具有可靠性高、抗干扰能力强等优点，同时能在一定程度上克服位置传感器安装不准确引起的换相转矩波动，是无刷直流电机研究的热点之一。本章以采用120°电角度两两导通换相方式的三相桥式 Y 接无刷直流电机为例，介绍电机在静止、起动与运行阶段的无位置传感器控制方法。

5.1 静止和起动阶段无位置传感器控制

目前，无刷直流电机主要采用电磁式、光电式、磁敏式等多种形式的位置传感器，但是位置传感器的存在也限制了无刷直流电机在某些特定场合中的应用。这主要体现在以下方面。

(1) 位置传感器可能使电机系统的体积增大。

(2) 位置传感器使电机与控制系统之间导线增多，系统容易受外界干扰影响。

(3) 位置传感器在高温、高压和湿度较大等恶劣工况下运行时灵敏度变差，系统运行可靠性降低。

(4) 位置传感器对安装精度要求较高，机械安装偏差引起的换相不准确会直接影响电机的运行性能。

因此，无位置传感器控制技术越来越受到重视。同时，随着检测手段、控制技术的发展，以及微控制器性能的提高，无位置传感器控制技术得到迅速发展，部分技术已实用化。

5.1.1 转子初始位置检测

转子初始位置的确定是无刷直流电机稳定起动的基础，直接影响系统的起动转矩和起动时间。目前，在无刷直流电机无位置传感器控制中，转子初始位置的估计主要包括转子定位法和电感法。

转子定位法通过对某特定相绕组通电，使电机转子固定到预定位置，从而将电机转子初始位置由未知转化为已知。转子定位法使用简单，但是由于起动前转子初始位置未知，定位过程中的电机可能出现反转，并且定位期间电流较大。

电感法通过给定子绕组注入短时电压信号，根据电流响应信号的不同，判断各相绕组电感差异，由电感差异确定电机的初始位置。这类方法普遍采用逆变器注入检测脉冲，受限于固定的直流侧电压和有限的逆变器开关频率，施加的多个电压矢量会产生明显的响应电流，进而产生一定的电磁转矩。对于一些转动惯量较小的电机，较大的电磁转矩可能造成电机反转，这在一些应用场合是不允许出现的。采用高频信号耦合注入的方法在降低检测信号幅值的同时可以显著提高检测信号的频率，减小转子位置区间判定过程中的响应电流，从而可以有效减小初始位置检测过程中产生的电磁转矩，降低电机转子发生反转的可能性[1]。该方法通过耦合的方式向电机绕组注入高频检测信号来检测三相绕组电感的大小关系。首先，将转子位置确定在两个相差 180°电角度的 30°区间内。然后，由逆变器施加两个方向相反的电压矢量，比较直流母线响应电流的幅值来确定永磁体转子极性。高频信号耦合注入法原理框图如图 5.1 所示。

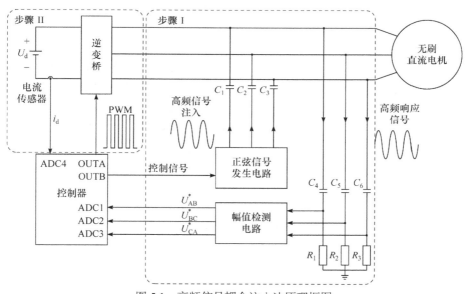

图 5.1　高频信号耦合注入法原理框图

图中的高频检测信号是由正弦波发生电路产生的频率为 f_h=200kHz 的高频正弦波信号。电容 C_1、C_2、C_3 将高频检测信号耦合到电机绕组，用于检测三相绕组电感的大小关系。

具有凸极效应的永磁电机，其直轴磁路的磁阻大于交轴磁路的磁阻，因此电机直轴电感 L_d 小于交轴电感 L_q，绕组电感随转子位置呈周期性变化。绕组三相自感和互感均随转子位置近似呈正弦规律变化。图 5.2 是电机三相绕组自感和互感随转子位置变化示意图。

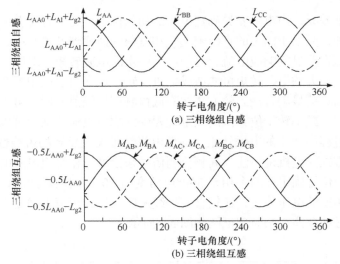

(a) 三相绕组自感

(b) 三相绕组互感

图 5.2　三相绕组自感和互感随转子位置变化曲线图

由图 5.2(a)可知，电机三相绕组自感波形在一个电周期内有 12 个交点。这些交点将一个电周期平均划分为 12 个 30°电角度的区间。设 L_{AA0} 为由空间基波气隙磁通引起的电感分量；L_{Al} 为漏磁通引起的电感分量；L_{g2} 为绕组自感随转子位置变化量的幅值。三相自感、互感与转子位置的数学关系可表示为

$$\begin{cases} L_{AA} = L_{AA0} + L_{Al} + L_{g2}\cos(2\theta) \\ L_{BB} = L_{AA0} + L_{Al} + L_{g2}\cos\left(2\theta + \dfrac{2\pi}{3}\right) \\ L_{CC} = L_{AA0} + L_{Al} + L_{g2}\cos\left(2\theta - \dfrac{2\pi}{3}\right) \\ M_{AB} = M_{BA} = -0.5L_{AA0} + L_{g2}\cos\left(2\theta - \dfrac{2\pi}{3}\right) \\ M_{BC} = M_{CB} = -0.5L_{AA0} + L_{g2}\cos(2\theta) \\ M_{CA} = M_{AC} = -0.5L_{AA0} + L_{g2}\cos\left(2\theta + \dfrac{2\pi}{3}\right) \end{cases} \tag{5.1}$$

由于电机静止时的绕组反电动势为零，若忽略电机绕组电阻，无刷直流电机可以等效为电感负载。高频检测信号注入电机绕组时，逆变器功率器件保持关断状态。当高频检测信号耦合注入 A、B 两相绕组时，注入的正弦波信号为激励源，C 相为非导通相。高频检测信号耦合注入 A、B 两相时的系统等效电路如图 5.3 所示。

C 相高频电流有效值为零，则 A、B 两相的高频电流有效值可表示为

$$I_{hA} = -I_{hB} = I_h \tag{5.2}$$

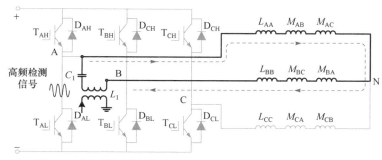

图 5.3　高频检测信号耦合注入 A、B 两相时的系统等效电路

高频检测信号耦合注入 A、B 两相时，高频线电压有效值满足

$$\begin{cases} U_{\text{CA\_RMS}} = \left(U_{\text{CN}} - U_{\text{AN}}\right)\big|_{\text{RMS}} \\ \qquad = \omega_h \cdot \left|(M_{\text{CA}} - M_{\text{CB}}) - (L_{\text{AA}} - M_{\text{AB}})\right| \cdot I_h \\ U_{\text{BC\_RMS}} = \left(U_{\text{BN}} - U_{\text{CN}}\right)\big|_{\text{RMS}} \\ \qquad = \omega_h \cdot \left|(M_{\text{BA}} - L_{\text{BB}}) - (M_{\text{CA}} - M_{\text{CB}})\right| \cdot I_h \end{cases} \tag{5.3}$$

式中，$U_{\text{CA\_RMS}}$ 和 $U_{\text{BC\_RMS}}$ 分别为 C、A 两相，B、C 两相的高频线电压有效值；U_{AN}、U_{BN}、U_{CN} 分别为三相绕组的高频相电压；ω_h 为高频检测信号的角频率。

将式(5.1)代入式(5.3)，计算式(5.3)中两式的比值可得

$$k_1 = \frac{U_{\text{CA\_RMS}}}{U_{\text{BC\_RMS}}} = \frac{1.5L_{\text{AA0}} + L_{\text{A1}} + 3L_{\text{g2}}\cos(2\theta)}{1.5L_{\text{AA0}} + L_{\text{A1}} + 3L_{\text{g2}}\cos\left(2\theta + \dfrac{2\pi}{3}\right)} \tag{5.4}$$

由式(5.4)可知，当高频检测信号耦合注入 A、B 两相绕组时，根据比值 k_1 与 1 的关系，即可判断 $U_{\text{CA\_RMS}}$ 和 $U_{\text{BC\_RMS}}$ 的大小关系，亦可判断相绕组自感 L_{AA} 和 L_{BB} 的大小关系。

同理，当高频检测信号耦合注入 B、C 两相和 C、A 两相绕组时，系统等效电路分别如图 5.4 和图 5.5 所示。

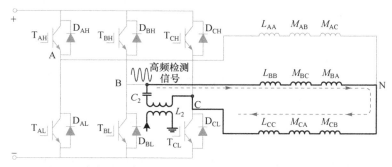

图 5.4　高频检测信号耦合注入 B、C 两相时的系统等效电路

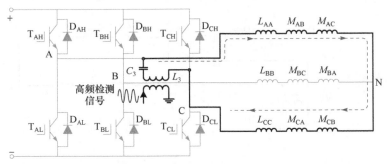

图 5.5　高频检测信号耦合注入 C、A 两相时的系统等效电路

高频检测信号耦合注入 B、C 两相绕组时,高频线电压有效值 U_{AB_RMS}、U_{CA_RMS} 的比值为

$$k_2 = \frac{U_{AB\_RMS}}{U_{CA\_RMS}} = \frac{1.5L_{AA0} + L_{A1} + 3L_{g2}\cos\left(2\theta + \dfrac{2\pi}{3}\right)}{1.5L_{AA0} + L_{A1} + 3L_{g2}\cos\left(2\theta - \dfrac{2\pi}{3}\right)} \tag{5.5}$$

高频检测信号耦合注入 C、A 两相绕组时,高频线电压有效值 U_{BC_RMS}、U_{AB_RMS} 的比值为

$$k_3 = \frac{U_{BC\_RMS}}{U_{AB\_RMS}} = \frac{1.5L_{AA0} + L_{A1} + 3L_{g2}\cos\left(2\theta - \dfrac{2\pi}{3}\right)}{1.5L_{AA0} + L_{A1} + 3L_{g2}\cos(2\theta)} \tag{5.6}$$

由式(5.5)可知,当高频检测信号耦合注入 B、C 两相绕组时,根据比值 k_2 与 1 的关系,即可判断 U_{AB_RMS} 和 U_{CA_RMS} 的大小关系,亦可判断相绕组自感 L_{BB} 和 L_{CC} 的大小关系。由式(5.6)可知,当高频检测信号耦合注入 C、A 两相绕组时,根据比值 k_3 与 1 的关系,即可判断 U_{BC_RMS} 和 U_{AB_RMS} 的大小关系,亦可判断相绕组自感 L_{CC} 和 L_{AA} 的大小关系。

由上述分析可知,顺序向 A、B 两相,B、C 两相,以及 C、A 两相绕组分别耦合注入高频检测信号,比较线电压幅值即可得到电机三相绕组电感的大小关系。根据图 5.2(a)中三相绕组电感与转子位置之间的关系,转子初始位置可被确定在两个相差 180°电角度的 30°区间内。

电感阻抗值和频率成正比。正弦波发生电路产生的高频检测信号可以显著高于逆变器的开关频率(采用常见 IGBT,频率一般为 5kHz～20kHz)。当频率为 200kHz 的高频检测信号耦合注入电机绕组时,绕组电感阻抗值很大,并且高频检测信号的幅值可以远低于固定的直流侧电压,因此高频检测信号产生的响应电流很小,在转子初始位置区间判定过程中产生的电磁转矩很微小,可忽略不计,故不会产生意外转动。

以 $L_{AA} > L_{CC} > L_{BB}$ 为例,此时电机转子可能位于 $0° < \theta < 30°$ 或 $180° < \theta < 210°$ 区间,因此通过判定永磁体转子的极性才能最终确定转子初始位置。这可以通过逆变器向电机绕组施加两个方向相反的电压矢量,比较直流母线响应电流的大小确定永磁体转子极性。综上,通过转子初始位置区间判定和永磁体转子极性判定两个步骤,可将转子初始位置最终确定在一个 30°电角度区间内,完成转子初始位置检测。

5.1.2　起动阶段无位置传感器控制

目前,无刷直流电机无位置传感器控制多采用反电动势法,但是当电机静止或转速很低时,反电动势为零或很小不易检测,因此难以实现电机自起动。针对该问题,常见的解决方法主要有三段式起动法、升频升压同步起动法、电压插值起动法。

1. 三段式起动法

三段式起动法以他控式同步电机运行方式从静止开始加速,直至转速足够大,再切换至无刷直流电机运行方式,实现电机的起动。这个过程包括转子定位、加速和运行状态切换三个阶段[2]。电机静止时,需要先采用上一节提到的方法确定转子初始位置。转子定位后,主控制器根据电机转向发出一系列与转子位置信号对应的外同步信号,从而产生逆变器触发信号。逐步提高外同步信号频率,无刷直流电机工作在他控式变频调速同步电机运行状态。电机低速时,反电动势较小,因此逆变器的斩波占空比也较小。随着转速增高,逆变器的斩波占空比随之增大,这样可以保证无刷直流电机不失步、不过流。在电机加速到预定转速后,检测反电动势过零信号,同时将无位置传感器控制方法切换到反电动势法。

三段式起动法易受电机负载转矩、外施电压、加速曲线、转动惯量等诸多因素影响。在轻载、小惯量负载条件下,三段式起动法一般能成功实现,但是在切换阶段往往不平稳。当电机重载时,切换阶段甚至会发生失步进而导致起动失败。通过设计合理的起动加速曲线,可以在一定程度上提高电机起动的成功率。然而,优化加速曲线受电机参数和负载影响较大,通过分析换相时的相电流响应波形特征,可以判断换相点与反电动势的对应关系。据此对换相指令进行超前或滞后的校正,可以避免反电动势与电流相位的严重偏差,保证电机带负载时可靠起动。

2. 升频升压同步起动法

升频升压同步起动法以硬件电路来实现外同步信号的生成和起动,原理如图 5.6 所示。

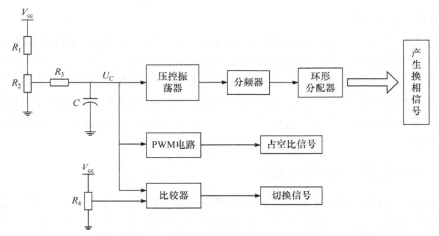

图 5.6　升频升压同步起动法原理图

由此可知，电路接通后，加在压控振荡器输入端的电容电压 U_C 缓慢上升，压控振荡器的输出经分频作为时钟信号加至环形分配器。环形分配器的输出信号转换为换相信号控制逆变器功率器件的通断。同时，电压 U_C 加到 PWM 电路的输入端，调制 PWM 信号的占空比，即控制绕组电压。因此，随着 U_C 的上升，加在绕组上的电压与频率也随之上升，控制电路以升频升压方式驱动电机运行。另外，将电压 U_C 与设定的阈值进行比较，当电压 U_C 达到阈值时，经逻辑电路将电机切换至无位置传感器控制方式，完成无刷直流电机起动。

在一定升频/速度范围内，升频升压同步起动法可实现空载、半载，以及带一定负载的可靠起动，但是需要根据电机参数设计起动电路，并且起动电流较大。

3. 电压插值起动法

电压插值起动法根据逆变器输出电压的大小生成外同步信号，从而实现起动。在加速度和转矩一定的情况下，电机旋转一周所需的时间为

$$t = 2\sqrt{\frac{J\pi}{\sum T}} \tag{5.7}$$

式中，$\sum T = T_e - B_v\Omega - T_L$ 为各项转矩之和。

由式(5.7)可知，在负载转矩 T_L 和阻尼转矩 $B_v\Omega$ 一定的情况下，电机的起动时间与电磁转矩 T_e 有直接关系，而 T_e 由逆变器输出电压决定，因此逆变器输出电压的大小决定电机的起动换相时刻。通过对不同的逆变器输出电压及相应的起动换相时刻进行采样，可以利用插值方法拟合两者间的函数关系，从而根据给定逆变器的输出电压，通过拟合函数计算得到电机起动换相时刻。逆变器输出电压

和六个换相时刻 $Q_1 \sim Q_6$ 的样本拟合曲线如图 5.7 所示。

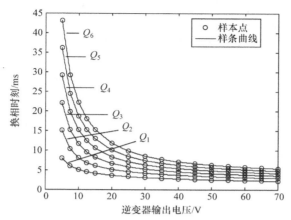

图 5.7　逆变器输出电压和换相时刻 $Q_1 \sim Q_6$ 的样本拟合曲线

无刷直流电机电压插值起动法框图如图 5.8 所示。

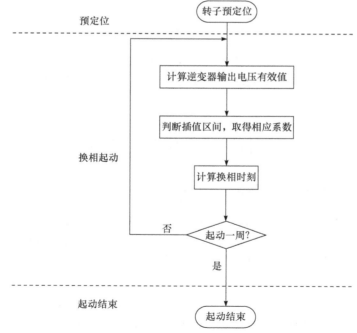

图 5.8　无刷直流电机电压插值起动法框图

由此可知，电压插值起动方法主要包括三个阶段。

(1) 预定位。控制器输出某两相导通信号，使电机转子固定到预定位置，同时等待起动信号。

(2) 换相起动。控制器根据逆变器输出电压有效值经过插值计算得到电机换相时刻，并给出相应的导通信号。

(3) 起动结束。跳出起动程序，进入反电动势法控制阶段。

图 5.9 记录了电机在额定转速、空载时由插值起动方法给出的起动信号(波形1)、实测的霍尔信号 H_A、H_B、H_C(波形 2、3、4)，以及调速信号(波形 5)，其中虚线标出了电压插值起动方法的三个阶段。

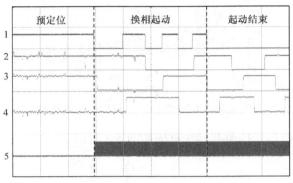

图 5.9　起动过程实验波形

电压插值起动法不必增加额外的起动电路，可以根据给定逆变器输出电压插值计算换相时刻，从而实现无刷直流电机起动。该方法可以克服传统方法靠经验起动易失败的缺点[3]。

5.2　运行阶段无位置传感器控制

5.2.1　基于电感变化的无位置传感器控制

在具有凸极结构转子的无刷直流电机中，受转子凸极效应的影响，绕组的自感和互感随转子位置呈近似正弦的周期变化，导致非导通相的端电压波形随转子位置呈现有规律的变化。通过对非导通相端电压进行检测即可获得正确的换相信号，从而实现无位置传感器控制[4]。

在无刷直流电机运行过程中，由定转子铁芯、永磁磁极，以及空间气隙组成的磁回路的磁导率时时刻刻发生变化，从而导致绕组电感随转子位置产生一定规律的变化。在一个电周期内，定子自感随转子位置的变化呈近似两个周期的正弦分布。图 5.10 所示为一台无刷直流电机的三相绕组自感的实际测量值，其中电机转子为表面嵌入式结构，极对数 p=5。

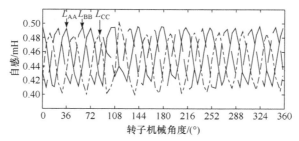

图 5.10　一台无刷直流电机的三相绕组自感的实际测量值

可以看出，绕组的自感随转子位置呈近似正弦变化，转子旋转一周时自感的变化周期数为转子极对数的 2 倍。三相自感、互感与转子位置的数学关系式如式(5.1)所示。三相绕组自感和互感随转子位置变化规律如图 5.2 所示。

无刷直流电机在运行时，一个电周期共有 6 个两两导通的状态。在 A、B 两相导通期间，C 相为非导通相，向 A、B 两相上下桥臂功率管施加同时导通关断的 PWM 脉冲时，A、B 两相线电压与 A 相电流的响应曲线如图 5.11 所示。

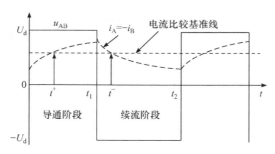

图 5.11　A、B 两相线电压与 A 相电流的响应曲线

可以看出，在 $0 \sim t_1$ 时，A、B 两相导通，A 相电流上升，在 t^+ 时刻 A 相电流值记为 i_A^+，C 相的端电压记为 u_{CO}^+；在 $t_1 \sim t_2$ 时，A、B 两相电流续流，当 A 相电流衰减至 $i_A^- = i_A^+$ 时，C 相的端电压记为 u_{CO}^-。将 A、B 两相导通和 A、B 两相续流时对应的 C 相端电压相减可得

$$u_{CO}^+ - u_{CO}^- = \frac{U_d \sqrt{3} \cos\left(2\theta + \dfrac{5\pi}{6}\right)}{\left(L_{AA0} + \dfrac{2}{3} L_{Al}\right) \Big/ L_{g2} + \cos\left(2\theta + \dfrac{\pi}{3}\right)} \tag{5.8}$$

同理，C、A 两相导通和续流状态对应的 B 相端电压之差为

$$u_{BO}^+ - u_{BO}^- = \frac{U_d \sqrt{3} \cos\left(2\theta + \dfrac{\pi}{6}\right)}{\left(L_{AA0} + \dfrac{2}{3} L_{Al}\right) \Big/ L_{g2} + \cos\left(2\theta - \dfrac{\pi}{3}\right)} \tag{5.9}$$

B、C 两相导通和续流状态对应的 A 相端电压之差为

$$u_{\text{AO}}^{+} - u_{\text{AO}}^{-} = \frac{U_{\text{d}}\sqrt{3}\cos\left(2\theta - \dfrac{\pi}{2}\right)}{\left(L_{\text{AA0}} + \dfrac{2}{3}L_{\text{Al}}\right)\bigg/ L_{\text{g2}} + \cos(2\theta - \pi)} \tag{5.10}$$

取 U_{d}=24V,三相非导通期间的端电压之差随转子位置的变化规律如图 5.12 所示。

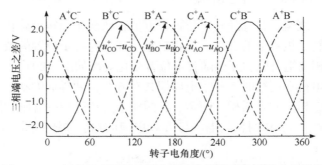

图 5.12　三相非导通期间的端电压之差随转子位置的变化规律

由图可知,将检测到 $u_{\text{CO}}^{+} - u_{\text{CO}}^{-}$、$u_{\text{BO}}^{+} - u_{\text{BO}}^{-}$、$u_{\text{AO}}^{+} - u_{\text{AO}}^{-}$ 的过零点时刻向后延迟 30°电角度,即电机下次的换相时刻,从而可以实现无刷直流电机的无位置传感器控制。

5.2.2　相反电动势法无位置传感器控制

在各种无位置传感器控制方法中,反电动势法是目前技术最成熟、应用最广泛的一种位置检测方法。该方法将检测获得的反电动势过零点信号延迟 30°电角度,得到 6 个离散的转子位置信号,为逻辑开关电路提供正确的换相信息,进而实现无刷直流电机的无位置传感器控制。

无刷直流电机反电动势过零点与换相时刻关系如图 5.13 所示。图中,e_{A}、e_{B}、e_{C} 为相位互差 120°电角度的三相梯形波反电动势,$Q_1 \sim Q_6$ 为一个周期中的换相点,分别滞后相应反电动势过零点 30°电角度。

目前,反电动势法的关键是如何准确检测反电动势过零点,基于低通滤波的反电动势过零点检测方法是常见的方法之一。该方法采用低通滤波器对电机端电压进行滤波,低通滤波器的截止频率低于功率器件开关频率,但是高于电机频率。

下面以 A、B 两相导通,C 相不导通为例说明基于低通滤波的反电动势过零点检测方法原理。如图 5.14 所示,A、B 两相反电动势处于梯形波平顶处,方向相反;C 相反电动势处于梯形波斜坡处,随转子位置而变化。

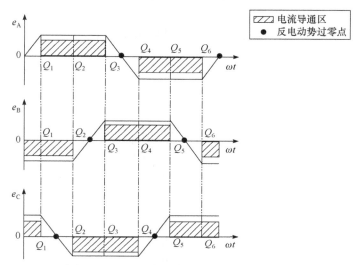

图 5.13 反电动势过零点与换相时刻关系图

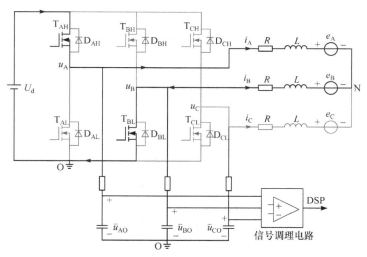

图 5.14 A、B 两相导通时无刷直流电机的等效电路图

经过低通滤波后的无刷直流电机端电压方程为

$$\begin{cases} \overline{u}_{AO} = Ri_A + L\dfrac{\mathrm{d}i_A}{\mathrm{d}t} + e_A + \overline{u}_N \\[2mm] \overline{u}_{BO} = Ri_B + L\dfrac{\mathrm{d}i_B}{\mathrm{d}t} + e_B + \overline{u}_N \\[2mm] \overline{u}_{CO} = Ri_C + L\dfrac{\mathrm{d}i_C}{\mathrm{d}t} + e_C + \overline{u}_N \end{cases} \qquad (5.11)$$

式中，$\overline{u}_{AO}$、$\overline{u}_{BO}$、$\overline{u}_{CO}$ 为经过硬件低通滤波后的 A、B、C 三相端电压；$\overline{u}_N$ 为中

性点电压的基波分量。

无刷直流电机绕组 A 相与 B 相反电动势和电流的关系为

$$e_A + e_B = 0 \tag{5.12}$$

$$i_A + i_B = 0 \tag{5.13}$$

将式(5.11)的第 1、2 式相加，可得

$$\bar{u}_{AO} + \bar{u}_{BO} = R(i_A + i_B) + L\left(\frac{di_A}{dt} + \frac{di_B}{dt}\right) + (e_A + e_B) + 2\bar{u}_N \tag{5.14}$$

将式(5.12)、式(5.13)代入式(5.14)，可得

$$\bar{u}_N = \frac{\bar{u}_{AO} + \bar{u}_{BO}}{2} \tag{5.15}$$

C 相非导通，无导通电流，即 $i_C = 0$，$\dfrac{di_C}{dt} = 0$。由式(5.11)可得

$$e_C = \bar{u}_{CO} - \bar{u}_N = \bar{u}_{CO} - \frac{\bar{u}_{AO} + \bar{u}_{BO}}{2} \tag{5.16}$$

同理，A、C 两相导通，B 相非导通时，可得

$$e_B = \bar{u}_{BO} - \frac{\bar{u}_{AO} + \bar{u}_{CO}}{2} \tag{5.17}$$

B、C 两相导通，A 相非导通时，可得

$$e_A = \bar{u}_{AO} - \frac{\bar{u}_{BO} + \bar{u}_{CO}}{2} \tag{5.18}$$

根据式(5.16)~式(5.18)，将硬件低通滤波后的端电压信号经过软件计算，在每个电周期内就能得到 6 个相差 60°电角度的反电动势过零点信号，从而为电机正常运行提供换相信息。

换相时刻由反电动势过零点延迟 30°电角度获得，延迟 30°电角度可以根据相邻两次过零点时间间隔计算得到(忽略该时间间隔内转速变化)，即

$$\begin{cases} T(k-1) = Z(k-1) + \dfrac{1}{2}\Delta T \\ \Delta T = Z(k-1) - Z(k-2) \end{cases} \tag{5.19}$$

式中，$T(k-1)$ 为第 $k-1$ 次换相时刻；$Z(k-1)$ 为第 $k-1$ 次反电动势过零点时刻；$Z(k-2)$ 为第 $k-2$ 次反电动势过零点时刻。

值得注意的是，在一个电周期中每相有两个反电动势过零点，因此需要根据反电动势在过零点前后的极性变化或绕组的导通状态进行区别。此外，由于端电压检测电路中需要加入电容进行滤波，这会导致端电压产生相移，在软件算法中

需要根据硬件电路的实际参数进行适当的相移补偿。

采用基于低通滤波的反电动势过零点检测方法进行控制时，无刷直流电机能够在一定转速范围内可靠运行。图 5.15 所示为电机稳定运行时的相电压、线电压和相电流实验波形。

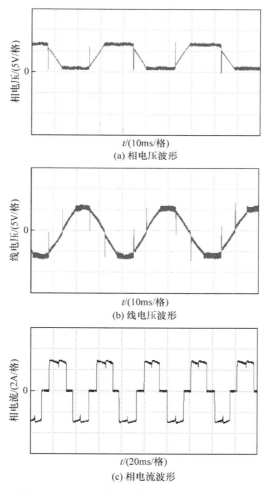

图 5.15　基于低通滤波的反电动势过零点检测方法得到的电压和电流波形

5.2.3　线反电动势法无位置传感器控制

在相反电动势法中，绕组换相时刻由相反电动势过零点移相 30°电角度得到。根据相邻两次过零点时间间隔计算移相角时忽略了该时间间隔内转速的变化。在变速调节过程中，基于相反电动势检测的无位置传感器控制会出现绕组换相时刻不准确的问题。线反电动势法相对相反电动势法省去了移相角的计算，绕组换相时刻由线反电动势过零点直接得到[5]。线反电动势法可以有效提高电机变速过程中的换相精度。

无刷直流电机线电压方程可以表示为

$$
\begin{cases}
u_{AB} = R(i_A - i_B) + L\dfrac{d(i_A - i_B)}{dt} + e_{AB} \\[2mm]
u_{BC} = R(i_B - i_C) + L\dfrac{d(i_B - i_C)}{dt} + e_{BC} \\[2mm]
u_{CA} = R(i_C - i_A) + L\dfrac{d(i_C - i_A)}{dt} + e_{CA}
\end{cases}
\tag{5.20}
$$

相反电动势、线反电动势与换相时刻关系图如图 5.16 所示。

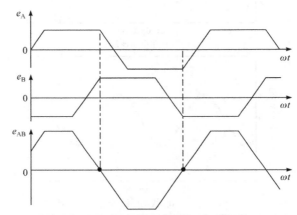

图 5.16 相反电动势、线反电动势与换相时刻关系图

由此可知，线反电动势过零点对应无刷直流电机换相时刻，不存在延迟角的计算。因此，在每个电周期分别计算线反电动势 e_{AB}、e_{BC}、e_{CA} 过零点，可得到 6 个换相信号，无刷直流电机能够根据该换相信号可靠运行。

在电机系统中，线反电动势无法直接测量，需要通过计算获得。在计算线反电动势时，忽略式(5.20)中的微分项，可得

$$
\begin{cases}
e_{AB} \approx u_{AB} - R(i_A - i_B) \\[1mm]
e_{BC} \approx u_{BC} - R(i_B - i_C) \\[1mm]
e_{CA} \approx u_{CA} - R(i_C - i_A)
\end{cases}
\tag{5.21}
$$

即通过检测线电压与相电流可计算得到线反电动势。由于相电流值只有在换相后的瞬间有较大的波动，在换相前变化平稳，且 $L \ll R$，则忽略微分项只造成线反电动势计算值在换相后瞬间产生尖峰。为消除该尖峰对检测结果的影响，需要将其滤除。此外，为滤除 PWM 信号带来的高频干扰，线电压、相电流的采样需通过低通滤波器滤波。为消除滤波器引起的检测误差，需要进行相移补偿，以

得到准确的换相位置。

为验证上述基于线反电动势的无刷直流电机无位置传感器控制策略的有效性，进行仿真验证，所用样机为 4 对极无刷直流电机。其额定电压 U_N=36V、额定转矩 T_N=0.32N·m、额定转速 n_N=3000r/min。

电机负载为 0.1N·m、转速分别为 300r/min、1500r/min 和 3000r/min 时的线反电动势及转子位置仿真波形如图 5.17 所示。图中，粗实线为线反电动势计算值波形，细实线为实际的转子位置信号波形，虚线为根据线反电动势过零点获得的位置信号波形。

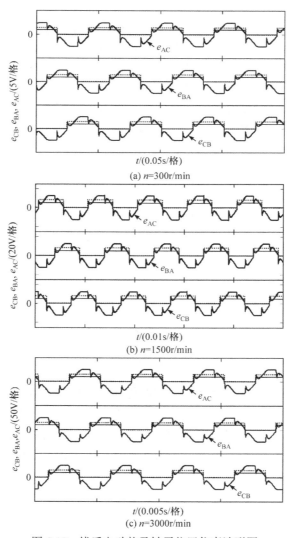

(a) n=300r/min

(b) n=1500r/min

(c) n=3000r/min

图 5.17　线反电动势及转子位置仿真波形图

可以看出，采用线反电动势无位置传感器转子位置检测方法时，电机运行在低速和额定转速下都能获得正确的换相信号。

5.2.4　直接反电动势法无位置传感器控制

直接反电动势法是在特定电压矢量作用下通过记录非导通相端电压与参考电平的比较结果来获得转子位置，具有硬件结构简单，便于数字实现等特点，已成为无刷直流电机无位置传感器控制的常用方法之一[6]。但是，复杂的工况对直接反电动势法提出一系列严苛要求，并主要体现在，为了降低硬件成本，提高系统可靠性，应尽量避免在不同检测电路和参考电平间相互切换，避免过零点检测和电机调速两个控制目标相互影响；为了适合低压电源供电的工业应用，应尽可能提高直流电源电压利用率，避免检测方法对电源电压利用率的影响；为了减小检测误差，扩展直接反电动势法在低速运行区的工作范围，应尽可能地避免对非导通相端电压进行分压衰减等处理[7]。

下面以导通模式 B+C− 为例，对基于特定矢量作用的直接反电势法进行分析。如图 5.18 所示，该导通模式下的 A 相为非导通相，B 相为正向导通相，C 相为负向导通相。

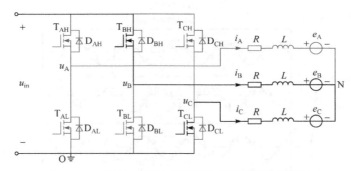

图 5.18　三相逆变桥和无刷直流电机的等效电路图

1. 基于零矢量和有效矢量的直接反电动势法

直接反电动势法充分发挥数字控制的优势，在特定矢量作用下记录非导通相端电压与参考电平的比较结果。同时，参考电平的选择需要考虑导通的 B、C 两相端电压 u_{BO}、u_{CO}。为了避免高频信号和矢量切换过程对检测的影响，每个检测周期只记录一次比较结果，并且一般安排在每个矢量即将结束的时刻。非导通相端电压可以表示为

$$u_{AO} = \frac{u_{BO} + u_{CO}}{2} + e_A \tag{5.22}$$

各零矢量和有效矢量作用下的三相端电压如表 5.1 所示。其中，u_D 为反并联

二极管导通压降，R_{DS} 为功率 MOSFET 的导通电阻。

表 5.1　各零矢量和有效矢量作用下的三相端电压

电压矢量 $(T_{BH},T_{BL},T_{CH},T_{CL})$	端电压		
	正向导通相 u_{BO}	负向导通相 u_{CO}	非导通相 u_{AO}
零矢量 $V(0001)$	$-u_D$	$-i_C R_{DS}$	$-(i_C R_{DS} + u_D)/2 + e_A$
零矢量 $V(0101)$	$-i_B R_{DS}$	$-i_C R_{DS}$	e_A
零矢量 $V(1000)$	$u_{in} - i_B R_{DS}$	$u_{in} + u_D$	$-(i_B R_{DS} - u_D)/2 + u_{in} + e_A$
零矢量 $V(1010)$	$u_{in} - i_B R_{DS}$	$u_{in} - i_C R_{DS}$	$u_{in} + e_A$
有效矢量 $V(1001)$	$u_{in} - i_B R_{DS}$	$-i_C R_{DS}$	$u_{in}/2 + e_A$

表 5.1 中每个矢量的逻辑值从左至右分别表示功率管 T_{BH}、T_{BL}、T_{CH}、T_{CL} 的开关状态。

由此可知，各矢量作用下的非导通相端电压均包含非导通相反电动势分量。但是，在不同矢量作用下，为了从非导通相端电压中提取反电动势过零点信息，所需使用的参考电平各不相同，因此需要使用不同类型的检测电路。

忽略功率器件的导通压降，在零矢量 $V(0001)$ 和 $V(0101)$ 的作用下，将非导通相端电压与参考零电平(O 点电平)进行比较，即可获得非导通相反电动势过零点。在零矢量 $V(1000)$ 和 $V(1010)$ 作用下，将非导通相端电压与逆变桥输入电压 u_{in} 进行比较，也可获得非导通相反电动势过零点。对于零矢量 $V(1000)$ 和 $V(1010)$，非导通相端电压包含电压分量 u_{in}，需对非导通相端电压和参考电平进行分压衰减，但是这将同时衰减非导通相端电压中的反电动势分量 e_A，降低电机低速运行时的检测精度。对于零矢量 $V(1000)$ 和 $V(0001)$，由于有反并联二极管参与续流，因此非导通相端电压中包含二极管导通压降 u_D，同样会导致电机低速运行时的检测精度下降。此外，在使用对称调制方式时，一个电周期内将出现两种零矢量，而在这两种零矢量作用下，检测反电动势过零点，所需的检测电路和参考电平可能并不相同，会给系统的硬件设计和软件实现带来困难。

在有效矢量 $V(1001)$ 作用下，对非导通相端电压与逆变桥输入侧的中点电压进行比较，即可获得非导通相反电动势过零点。由于各种调制方式都使用相同的有效矢量 $V(1001)$，因此在有效矢量作用下，检测过零点具有良好的通用性。在有效矢量 $V(1001)$ 作用下，非导通相端电压也包含电压分量 u_{in}。因此，在输入比较器或 A/D 模块之前，一般也需要对非导通相端电压和参考电平进行分压衰减。

为了保证检测的准确性，直接反电动势法需要检测矢量具有一定的脉冲宽度。因此，在零矢量作用下，检测反电动势过零点将使系统的运行范围或电压利用率受到限制；在有效矢量作用下，进行反电动势过零点检测将导致电机不能运行至低速轻载工况。

　　根据以上分析可知，零矢量作用下和有效矢量作用下的检测范围可以互补，因此可根据电机转速区间或有效矢量占空比范围选择在不同的矢量下检测。当电机运行在低速区间时，可选择在零矢量作用下进行检测；当电机运行在高速区间时，可切换为在有效矢量作用下进行检测。此时相反电动势幅值较高，即使对非导通相端电压进行衰减，也可以获得准确的反电动势过零点。但是，在两种矢量作用下，切换检测意味着在两组检测电路之间切换，这将增加实现的复杂性。

　　综上所述，基于零矢量和有效矢量非导通相端电压的直接反电动势法具有多种实现方式，但是均面临一些困难。主要原因如下。

　　(1) 对于传统控制方法，零矢量和有效矢量的脉冲宽度与电机调速直接相关。若反电动势过零点检测依赖一定脉宽的零矢量或有效矢量，则检测范围势必受限于电机运行工况。

　　(2) 非导通相端电压与导通两相的端电压直接相关。若导通两相的端电压包含电源电压、二极管压降等分量，那么需要对非导通相端电压进行预处理。这些处理将增加系统的复杂性，并影响反电动势过零点的检测精度。

　　2. 基于直通矢量的直接反电动势法

　　Z 源逆变器是一种新型逆变器，它在直流电源和传统三相逆变桥之间添加了 Z 源网络，为电机控制引入了直通矢量，即逆变桥的同一相上、下桥臂同时导通的状态。考虑逆变器电流应力，采用导通两相的四个功率管 T_{BH}、T_{BL}、T_{CH}、T_{CL} 同时开通，产生直通矢量 $V(1111)$。在直通矢量 $V(1111)$ 作用下，逆变桥与三相绕组的等效电路如图 5.19 所示。

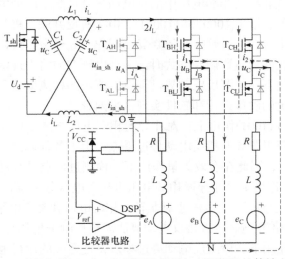

图 5.19　直通矢量 $V(1111)$ 作用下逆变桥与三相绕组的等效电路图

直通矢量 $V(1111)$ 作用下的非导通相端电压为

$$u_{AO} = i_L R_{DS} + e_A \qquad (5.23)$$

若忽略 MOSFET 的导通压降，在直通矢量 $V(1111)$ 作用下将非导通相端电压 u_{AO} 与参考零电平(图 5.19 中 O 点电平)进行比较即可获得非导通相反电动势的过零点。具体实现时需要使用三通道电压比较器电路，将三相端电压与参考零电平进行比较。为了避免矢量切换对检测的影响，提高检测可靠性，故只在直通矢量的结束时刻记录非导通相端电压和参考零电平的比较结果。当比较结果相对上一调制周期发生变化，立即触发反电动势过零点信号跳变。为了更清晰地展现非导通相端电压、矢量、非导通相反电动势过零点之间的关系，反电动势过零点附近的非导通相端电压波形示意图如图 5.20 所示。

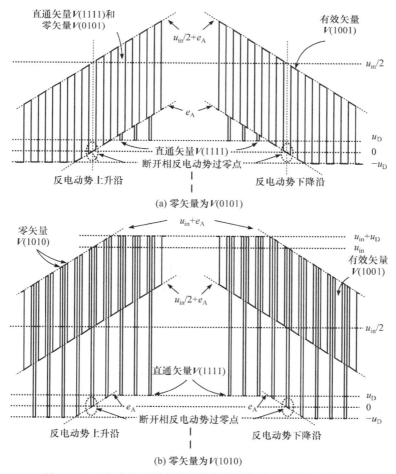

图 5.20　反电动势过零点附近的非导通相端电压波形示意图

图 5.20 中，有效矢量为 $V(1001)$，直通矢量为 $V(1111)$。为了不失一般性，图 5.20(a)和图 5.20(b)分别给出了零矢量 $V(0101)$ 和零矢量 $V(1010)$ 作用下，反电动势过零点附近的非导通相端电压示意图。图 5.20(a)中零矢量为 $V(0101)$，其中左半侧为非导通相反电动势逐渐上升时的非导通相端电压波形，右半侧则相反。显然，当直通矢量作用下的非导通相端电压穿越零电平时，标志着非导通相反电动势也已经过零。对比图 5.20(a)和图 5.20(b)可以发现，若在不同类型的零矢量作用下检测反电动势过零点，则必须分别设置不同的参考电平。若在直通矢量作用时进行检测，零矢量和有效矢量不参与过零点检测，则无须设置不同的参考电平。

由于引入直通矢量，Z 源逆变器不仅为系统提供升压机制，还使系统具有直通矢量占空比和有效矢量占空比两个控制自由度，为实现电机调速和过零点检测的分离创造条件。虽然直通矢量作用下的导通两相线电压同样为零，但是直通矢量与零矢量的作用显著不同，一定脉宽的直通矢量不会降低直流电源电压利用率，反而有助于提高电源电压利用率。另外，直通矢量作用下的导通两相端电压具有特殊性，非导通相端电压中不包含电源电压参量，因此只需进行限幅即可实现非导通相端电压和参考零电平的比较。

5.2.5　磁链函数法无位置传感器控制

不计电枢反应，无刷直流电机永磁体的气隙磁场沿定子内表面呈梯形分布，根据电机永磁体和电机绕组之间的相对位置关系可以得到电机相反电动势和每相绕组匝链的永磁磁链之间的关系图，如图 5.21 所示。

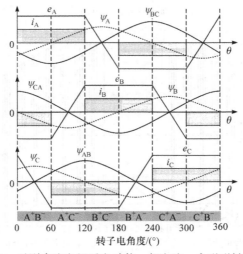

图 5.21　无刷直流电机反电动势、相电流、永磁磁链波形图

两相绕组匝链永磁磁链之差也可以表示为反电动势系数与磁链波形函数的乘

积，即

$$\psi_{AB}(\theta) = k_{pe} f_{AB}(\theta) \tag{5.24}$$

式中，k_{pe} 为反电动势系数；$f_{AB}(\theta)$ 为与电机转子位置相关的磁链波形函数。

　　由上述分析可知，通过检测两相绕组匝链的永磁磁链之差的过零点便可以得到电机的换相信号。由式(5.24)可知，两相绕组匝链的永磁磁链之差的幅值与电机的反电动势系数成正比。当电机反电动势系数较小时，两相绕组匝链的永磁磁链之差的幅值也比较小，通过检测两相绕组匝链的永磁磁链之差的过零点，得到的换相信号会存在较大的误差。

　　由于两相绕组匝链的永磁磁链之差是反电动势系数与磁链波形函数的乘积，因此采用两个不同的两相绕组匝链的永磁磁链之差相除便可以消除反电动势系数的影响。同时，可以得到一个与电机转子位置相关的函数。该函数不受电机的具体参数影响，并且与电机的转子位置具有一一对应关系。

　　磁链函数法在两相绕组匝链的永磁磁链之差的基础上构建三个磁链函数，并通过磁链函数与电机转子位置之间的关系确定电机换相点，从而实现电机无位置传感器控制[8]。两相绕组匝链的永磁磁链之差可以通过对线电压积分得到，由式(5.20)可得两相绕组匝链的永磁磁链之差的表达式，即

$$\begin{cases} \psi_{AB} = \int_0^t [(u_A - u_B) - R(i_A - i_B)]\mathrm{d}t - L(i_A - i_B) \\ \psi_{BC} = \int_0^t [(u_B - u_C) - R(i_B - i_C)]\mathrm{d}t - L(i_B - i_C) \\ \psi_{CA} = \int_0^t [(u_C - u_A) - R(i_C - i_A)]\mathrm{d}t - L(i_C - i_A) \end{cases} \tag{5.25}$$

在此基础上，磁链函数为

$$\begin{cases} F_{BC/AB} = \dfrac{\int_0^t [(u_B - u_C) - R(i_B - i_C)]\mathrm{d}t - L(i_B - i_C)}{\int_0^t [(u_A - u_B) - R(i_A - i_B)]\mathrm{d}t - L(i_A - i_B)} \\[6mm] F_{AB/CA} = \dfrac{\int_0^t [(u_A - u_B) - R(i_A - i_B)]\mathrm{d}t - L(i_A - i_B)}{\int_0^t [(u_C - u_A) - R(i_C - i_A)]\mathrm{d}t - L(i_C - i_A)} \\[6mm] F_{CA/BC} = \dfrac{\int_0^t [(u_C - u_A) - R(i_C - i_A)]\mathrm{d}t - L(i_C - i_A)}{\int_0^t [(u_B - u_C) - R(i_B - i_C)]\mathrm{d}t - L(i_B - i_C)} \end{cases} \tag{5.26}$$

根据磁链函数的表达式和两相绕组匝链的永磁磁链之差的波形，可以得到磁链函数波形，如图 5.22 所示。

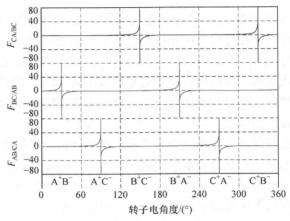

图 5.22　磁链函数波形

通过图 5.22 可以看出，磁链函数除了在极值点幅值较大，其余位置幅值都较小，这对于电机换相点的确定是十分有利的。磁链函数极值跳变位置正好对应于相应的两相绕组匝链的永磁磁链之差的过零点，因此磁链函数极值跳变沿延迟 30°电角度即电机的换相点。在相邻两次换相时间间隔内，电机转速基本维持不变，因此相邻两次换相时间间隔的一半即 30°电角度时间。

为了利用磁链函数准确获得无刷直流电机的换相点，需要对磁链函数的特性进行分析。以导通模式 A^+B^- 和磁链函数 $F_{BC/AB}$ 为例，由式(5.26)可知，此时磁链函数为 B 相绕组和 C 相绕组匝链的永磁磁链之差 ψ_{BC}，以及 A、B 两相绕组匝链的永磁磁链之差 ψ_{AB} 的比值。结合图 5.21 和图 5.22 可以看出，在 60°电角度内，ψ_{BC} 和 ψ_{AB} 均可近似为线性函数，同时 ψ_{AB} 在 30°时刻为零，将 ψ_{AB} 的过零点位置记为 θ_0。根据 ψ_{AB} 和 ψ_{BC} 之间的关系，可得

$$\lim_{\theta \to \theta_0^-} \frac{\psi_{BC}}{\psi_{AB}} = +\infty \tag{5.27}$$

$$\lim_{\theta \to \theta_0^+} \frac{\psi_{BC}}{\psi_{AB}} = -\infty \tag{5.28}$$

由式(5.27)和式(5.28)可以看出，磁链函数 $F_{BC/AB}$ 在导通模式 A^+B^- 下近似为双曲形式函数，同理在导通模式 B^+A^- 下同样为一双曲形式函数。由于 A、B 两相绕组匝链的永磁磁链之差 ψ_{AB} 在一个电周期内存在两个过零点，因此存在两个极值变化的位置，即磁链函数由正极大值跳变为负极大值。同时，磁链函数中不含电机转速相关的参数，因此磁链函数特性与电机转速无关，在整个电机转速范围内

具有相同形式的磁链函数波形。在磁链函数极值发生变化前，磁链函数是一个单调函数，同时磁链函数值变化缓慢，在接近磁链函数极值发生变化的时刻，函数值变化很快，从而保证足够的位置估算精度。

无刷直流电机在运行过程中需要 6 个换相信号，而每个磁链函数能够提供 2 个换相信号，因此需要根据不同的导通模式，采用不同的磁链函数。磁链函数与导通模式对应关系如表 5.2 所示。当检测到相应的磁链函数发生跳变，再延时 30° 电角度即可得到相应的换相信号。将各个导通模式下的磁链函数波形结合起来便可以得到图 5.23 所示的磁链函数的波形。其中，CP 为电机的换相信号，CP 的每个边沿都对应一个换相点，该换相信号可以用于实现无位置传感器无刷直流电机的运行控制。

表 5.2　磁链函数与导通模式对应表

导通模式	磁链函数
A^+B^-	$F_{BC/AB}$
A^+C^-	$F_{AB/CA}$
B^+C^-	$F_{CA/BC}$
B^+A^-	$F_{BC/AB}$
C^+A^-	$F_{AB/CA}$
C^+B^-	$F_{CA/BC}$

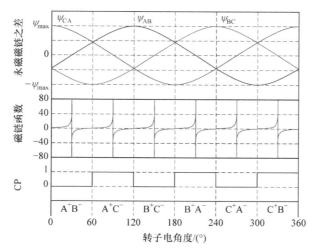

图 5.23　两相绕组匝链永磁磁链之差、磁链函数、换相信号波形

5.2.6　基于反电动势观测器的无位置传感器控制

现代控制理论的发展为无位置传感器控制技术提供了新的科学途径，状态观测器通过状态重构能够较好地获得电机反电动势信息，从而实现无刷直流电机的无位置传感器控制。反电动势观测器法因具有实现简单、应用范围宽等优势，受到广大研究者的重视。无刷直流电机在运行过程中仅需要 6 个离散的位置信号，而线反电动势过零点能够与换相点直接对应。通过反电动势观测器获得无刷直流电机的线反电动势后，可将线反电动势过零点对应为虚拟的霍尔信号 $\hat{H}_\mathrm{A}$、$\hat{H}_\mathrm{B}$、$\hat{H}_\mathrm{C}$，并以此建立根据虚拟霍尔信号进行无位置传感器控制的换相逻辑表。虚拟霍尔信号换相逻辑如表 5.3 所示。

表 5.3　虚拟霍尔信号换相逻辑

线反电动势状态	虚拟霍尔信号	导通模式
$e_\mathrm{AB}>0, e_\mathrm{BC}<0, e_\mathrm{CA}<0$	$\hat{H}_\mathrm{A}=1, \hat{H}_\mathrm{B}=0, \hat{H}_\mathrm{C}=0$	$\mathrm{A^+B^-}$
$e_\mathrm{AB}>0, e_\mathrm{BC}>0, e_\mathrm{CA}<0$	$\hat{H}_\mathrm{A}=1, \hat{H}_\mathrm{B}=1, \hat{H}_\mathrm{C}=0$	$\mathrm{A^+C^-}$
$e_\mathrm{AB}<0, e_\mathrm{BC}>0, e_\mathrm{CA}<0$	$\hat{H}_\mathrm{A}=0, \hat{H}_\mathrm{B}=1, \hat{H}_\mathrm{C}=0$	$\mathrm{B^+C^-}$
$e_\mathrm{AB}<0, e_\mathrm{BC}>0, e_\mathrm{CA}>0$	$\hat{H}_\mathrm{A}=0, \hat{H}_\mathrm{B}=1, \hat{H}_\mathrm{C}=1$	$\mathrm{B^+A^-}$
$e_\mathrm{AB}<0, e_\mathrm{BC}<0, e_\mathrm{CA}>0$	$\hat{H}_\mathrm{A}=0, \hat{H}_\mathrm{B}=0, \hat{H}_\mathrm{C}=1$	$\mathrm{C^+A^-}$
$e_\mathrm{AB}>0, e_\mathrm{BC}<0, e_\mathrm{CA}>0$	$\hat{H}_\mathrm{A}=1, \hat{H}_\mathrm{B}=0, \hat{H}_\mathrm{C}=1$	$\mathrm{C^+B^-}$

图 5.24 所示为基于反电动势观测器的无刷直流电机无位置传感器控制框图。

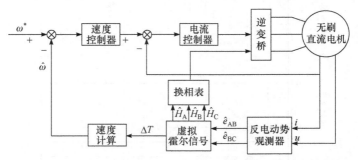

图 5.24　基于反电动势观测器的无刷直流电机无位置传感器控制框图

图中，参考速度 ω^* 和速度估计值 $\hat{\omega}$ 的偏差通过速度控制器产生电流给定信号。同时，反电动势观测器产生的线反电动势提供虚拟霍尔信号，通过换相表得到对应的换相信号，进而驱动无刷直流电机运行。

常见的反电动势观测器包括滑模观测器、Kalman 滤波器、扩张状态观测器等。

1. 基于滑模观测器的反电动势观测方法

滑模观测器对包括系统量测噪声在内的扰动具有较好的鲁棒性，已成功用于各类电机的无位置传感器控制应用中。将滑模控制原理应用于无刷直流电机的反电动势观测，可以实现无刷直流电机无位置传感器控制[9]。

无刷直流电机的线电压方程可以表示为

$$\begin{cases} \dfrac{\mathrm{d}i_{AB}}{\mathrm{d}t} = \dfrac{1}{L}u_{AB} - \dfrac{R}{L}i_{AB} - \dfrac{1}{L}e_{AB} \\ \dfrac{\mathrm{d}i_{BC}}{\mathrm{d}t} = \dfrac{1}{L}u_{BC} - \dfrac{R}{L}i_{BC} - \dfrac{1}{L}e_{BC} \end{cases} \tag{5.29}$$

将式(5.29)中的定子两相电流差和线反电动势作为系统的状态变量，将线电压和两相电流差分别作为系统的输入和输出，则可得无刷直流电机状态方程，即

$$\begin{bmatrix} \dot{i} \\ \dot{e} \end{bmatrix} = \begin{bmatrix} A_1 & A_2 \\ 0 & 0 \end{bmatrix} \begin{bmatrix} i \\ e \end{bmatrix} + \begin{bmatrix} B \\ 0 \end{bmatrix} u \tag{5.30}$$

输出方程为

$$y = C[i \quad e]^{\mathrm{T}} = i \tag{5.31}$$

式中，$i = [i_{AB} \quad i_{BC}]^{\mathrm{T}}$；$e = [e_{AB} \quad e_{BC}]^{\mathrm{T}}$；$u = [u_{AB} \quad u_{BC}]^{\mathrm{T}}$；$A_1 = -RI/L$；$A_2 = -I/L$；$B = I/L$；$C = [I \quad 0]$；$I = \begin{bmatrix} 1 & 0 \\ 0 & 1 \end{bmatrix}$。

选择滑模面，即

$$S = \hat{i} - i \tag{5.32}$$

式中，$\hat{i} = [\hat{i}_{AB} \quad \hat{i}_{BC}]^{\mathrm{T}}$ 为两相电流差的估计值。

根据电机的状态方程，可设计如下滑模观测器，即

$$\begin{bmatrix} \dot{\hat{i}} \\ \dot{\hat{e}} \end{bmatrix} = \begin{bmatrix} A_1 & A_2 \\ 0 & 0 \end{bmatrix} \begin{bmatrix} \hat{i} \\ \hat{e} \end{bmatrix} + \begin{bmatrix} B \\ 0 \end{bmatrix} u + \begin{bmatrix} K \\ KG \end{bmatrix} H(\hat{i} - i) \tag{5.33}$$

式中，$K = \begin{bmatrix} k_1 & 0 \\ 0 & k_2 \end{bmatrix}$ 和 $G = \begin{bmatrix} g_1 & 0 \\ 0 & g_2 \end{bmatrix}$ 均为滑模增益矩阵；$\hat{e} = [\hat{e}_{AB} \quad \hat{e}_{BC}]^{\mathrm{T}}$ 为线反电动势观测值；$H(\hat{i} - i) = [h(\hat{i}_{AB} - i_{AB}) \quad h(\hat{i}_{BC} - i_{BC})]^{\mathrm{T}}$，$h(x)$ 为双曲正切函数，可以表示为

$$h(x) = \tanh(x) = \frac{\mathrm{e}^x - \mathrm{e}^{-x}}{\mathrm{e}^x + \mathrm{e}^{-x}} \tag{5.34}$$

将滑模观测器与状态方程作差可得观测器的误差方程，即

$$\begin{bmatrix} \dot{E}_i \\ \dot{E}_e \end{bmatrix} = \begin{bmatrix} A_1 & A_2 \\ 0 & 0 \end{bmatrix} \begin{bmatrix} E_i \\ E_e \end{bmatrix} + \begin{bmatrix} K \\ KG \end{bmatrix} H(E_i) \tag{5.35}$$

式中，$E_i = \hat{i} - i$ 和 $E_e = \hat{e} - e$ 分别为电流和线反电动势的观测误差。

由于观测器能够进入滑动模态的条件为 $S^T \dot{S} < 0$，取基于滑模面的 Lyapunov 方程为

$$V_1 = \frac{1}{2} S^T S = \frac{1}{2} E_i^T E_i \tag{5.36}$$

对式(5.36)求导，并将观测器误差方程代入求导后的结果，可得

$$\begin{aligned}
\dot{V}_1 &= E_i^T \dot{E}_i \\
&= E_i^T [A_1 E_i + A_2 E_e + KH(E_i)] \\
&= E_i^T A_2 E_e + E_i^T KH(E_i) + E_i^T A_1 E_i \\
&= \left[-\frac{1}{L}(\hat{i}_{AB} - i_{AB})(\hat{e}_{AB} - e_{AB}) - \frac{1}{L}(\hat{i}_{BC} - i_{BC})(\hat{e}_{BC} - e_{BC}) \right] \\
&\quad + k_1(\hat{i}_{AB} - i_{AB})h(\hat{i}_{AB} - i_{AB}) + k_2(\hat{i}_{BC} - i_{BC})h(\hat{i}_{BC} - i_{BC}) + E_i^T A_1 E_i
\end{aligned} \tag{5.37}$$

由于 $|h(x)| \leq 1$，$h(x)$ 与 x 符号一致，并且 A_1 负定，则 $E_i^T A_1 E_i \leq 0$ 恒成立，为使 $\dot{V}_1 < 0$，根据不等式的性质，只需下式成立即可，即

$$\frac{1}{L}|\hat{i}_{AB} - i_{AB}\|\hat{e}_{AB} - e_{AB}| + \frac{1}{L}|\hat{i}_{BC} - i_{BC}\|\hat{e}_{BC} - e_{BC}| + k_1|\hat{i}_{AB} - i_{AB}| + k_2|\hat{i}_{BC} - i_{BC}| < 0 \tag{5.38}$$

由该式可得，满足 $\dot{V}_1 < 0$，即观测器能够进入滑动模态的条件为

$$\begin{cases} k_1 < -\frac{1}{L}|\hat{e}_{AB} - e_{AB}| \\ k_2 < -\frac{1}{L}|\hat{e}_{BC} - e_{BC}| \end{cases} \tag{5.39}$$

根据滑模控制理论，当系统的状态进入滑动模态时，有如下关系成立，即

$$E_i = \dot{E}_i = 0 \tag{5.40}$$

由该式与误差方程可得

$$\begin{cases} 0 = A_2 E_e + KH(E_i) \\ \dot{E}_e = KGH(E_i) \end{cases} \tag{5.41}$$

取 Lyapunov 方程为

$$V_2 = \frac{1}{2} \boldsymbol{E}_e^T \boldsymbol{E}_e \tag{5.42}$$

对该式求导，并将式(5.41)代入，可得

$$\dot{V}_2 = \boldsymbol{E}_e^T \dot{\boldsymbol{E}}_e = -\boldsymbol{E}_e^T \boldsymbol{G} \boldsymbol{A}_2 \boldsymbol{E}_e = \frac{1}{L}[g_1(\hat{e}_{AB} - e_{AB})^2 + g_2(\hat{e}_{BC} - e_{BC})^2] \tag{5.43}$$

由此可得，满足 $\dot{V}_2 < 0$，即电机线反电动势误差收敛到零的条件为

$$\begin{cases} g_1 < 0 \\ g_2 < 0 \end{cases} \tag{5.44}$$

2. 基于 Kalman 滤波器的反电动势观测方法

在具有随机干扰的动态系统中，Kalman 滤波器可以实现估计误差最小的最优估计，能应用于平稳和非平稳环境。Kalman 滤波器通过递归运算，利用其状态的前一次估计值和新的输入数据得到新的估计值，因此只需存储前一次估计，从而可以满足系统的实时性要求。就实现形式而言，Kalman 滤波器实质上是一套由数字计算机实现的递推算法。每个递推周期包含对被估计量的时间更新和量测更新两个过程[10]。具有随机干扰线性系统的状态空间模型如图 5.25 所示。

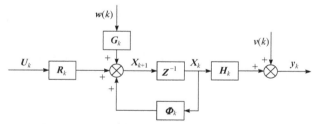

图 5.25　具有随机干扰线性系统的状态空间模型

图中，U_k 为系统的非随机控制输入；X_k 为系统的状态，X_0 为系统的初始状态；$w(k)$ 为系统的随机扰动输入；$v(k)$ 为系统的量测噪声；y_k 为系统的量测输出；$\boldsymbol{\Phi}_k$、R_k、G_k、H_k 为实矩阵。无刷直流电机可通过设计 Kalman 滤波器估计转子位置，进而实现无位置传感器控制。

采用线反电势过零点作为换相时刻不需要移相，具有更广泛的转速适用范围。根据式(5.20)，基于线反电动势的电机端电压方程可表示为

$$\begin{cases} e_{\text{AB}} = u_{\text{AO}} - u_{\text{BO}} - L\dfrac{\mathrm{d}(i_{\text{A}} - i_{\text{B}})}{\mathrm{d}t} - R(i_{\text{A}} - i_{\text{B}}) \\[2mm] e_{\text{AC}} = u_{\text{AO}} - u_{\text{CO}} - L\dfrac{\mathrm{d}(i_{\text{A}} - i_{\text{C}})}{\mathrm{d}t} - R(i_{\text{A}} - i_{\text{C}}) \\[2mm] e_{\text{BC}} = u_{\text{BO}} - u_{\text{CO}} - L\dfrac{\mathrm{d}(i_{\text{B}} - i_{\text{C}})}{\mathrm{d}t} - R(i_{\text{B}} - i_{\text{C}}) \end{cases} \tag{5.45}$$

由式(5.45)可知，通过检测无刷直流电机端电压 u_{AO}、u_{BO}、u_{CO} 和电流 i_{A}、i_{B}，可得到电机的线反电势动势。

三个线反电动势之间存在如下关系，即

$$e_{\text{BC}} = e_{\text{AC}} - e_{\text{AB}} \tag{5.46}$$

电压方程化简为

$$U_l = \begin{bmatrix} 2\left(R + L\dfrac{\mathrm{d}}{\mathrm{d}t}\right) & 0 \\[3mm] R + L\dfrac{\mathrm{d}}{\mathrm{d}t} & 3\left(R + L\dfrac{\mathrm{d}}{\mathrm{d}t}\right) \end{bmatrix} I_l + E_l \tag{5.47}$$

式中，$E_l = [e_{\text{AB}} \quad e_{\text{AC}}]^{\text{T}}$；$U_l = [u_{\text{AB}} \quad u_{\text{AC}}]^{\text{T}}$；$I_l = [i_{\text{dif}} \quad i_{\text{sum}}]^{\text{T}}$；$i_{\text{dif}} = \dfrac{i_{\text{A}} - i_{\text{B}}}{2}$；$i_{\text{sum}} = \dfrac{i_{\text{A}} + i_{\text{B}}}{2}$。

在电机实际运行时，线反电动势信号中含有的未建模噪声、检测噪声和突发噪声可能造成线反电动势过零点的误判，影响电机正常运行。其中，突发噪声多为独立出现且远大于正常信号，易引起过零点的误判。信号中的随机噪声可以看作高斯白噪声。因此，可用 Kalman 滤波器滤除并实现对线反电动势的估计。

建立基于线反电动势的状态方程并离散化，可得

$$X_{k+1} = \boldsymbol{\Phi}_k X_k + R_k U_k + G_k w(k) \tag{5.48}$$

$$y_k = H_k X_k + v(k) \tag{5.49}$$

式中，$X_k = [i_{\text{dif}}(k)\, i_{\text{sum}}(k)\, e_{\text{AB}}(k)\, e_{\text{AC}}(k)\, \omega(k)]^{\text{T}}$；$U_k = [u_{\text{AB}}(k)\, u_{\text{AC}}(k)]^{\text{T}}$；$y_k = [i_{\text{dif}}(k)$

$i_{\text{sum}}(k)]^{\text{T}}$；$\boldsymbol{\Phi}_k = \begin{bmatrix} 1 - \dfrac{RT}{L} & 0 & -\dfrac{T}{2L} & 0 & 0 \\[3mm] 0 & 1 - \dfrac{RT}{L} & \dfrac{T}{6L} & -\dfrac{T}{3L} & 0 \\[3mm] 0 & 0 & 1 & 0 & 0 \\[2mm] 0 & 0 & 0 & 1 & 0 \\[2mm] 0 & 0 & 0 & 0 & 1 \end{bmatrix}$；$R_k = \begin{bmatrix} \dfrac{T}{2L} & -\dfrac{T}{6L} & 0 & 0 & 0 \\[3mm] 0 & \dfrac{T}{3L} & 0 & 0 & 0 \end{bmatrix}^{\text{T}}$；

$$\boldsymbol{H}_k = \begin{bmatrix} 1 & 0 & 0 & 0 & 0 \\ 0 & 1 & 0 & 0 & 0 \end{bmatrix}$$；$w(k)$ 为量测噪声矢量；$v(k)$ 为系统噪声矢量。

Kalman 滤波器包括预报估计方程和滤波估计方程。第 $k+1$ 拍的状态变量和估计误差协方差矩阵由第 k 拍估计出的状态变量和输入来预测，预报估计方程为

$$\begin{aligned}\hat{\boldsymbol{X}}_{k+1|k} &= \boldsymbol{\Phi}_k \hat{\boldsymbol{X}}_{k|k-1} + \boldsymbol{K}_k (\boldsymbol{y}_k - \boldsymbol{H}_k \hat{\boldsymbol{X}}_{k|k-1}) \\ &= (\boldsymbol{\Phi}_k - \boldsymbol{K}_k \boldsymbol{H}_k)\hat{\boldsymbol{X}}_{k|k-1} + \boldsymbol{K}_k \boldsymbol{y}_k\end{aligned} \tag{5.50}$$

其中

$$\boldsymbol{K}_k = \boldsymbol{\Phi}_k \boldsymbol{P}_{k|k-1} \boldsymbol{H}_k^{\mathrm{T}} (\boldsymbol{H}_k \boldsymbol{P}_{k|k-1} \boldsymbol{H}_k^{\mathrm{T}} + \boldsymbol{R}_k)^{-1} \tag{5.51}$$

估计误差协方差矩阵表示为

$$\boldsymbol{P}_{k+1|k} = \boldsymbol{\Phi}_k [\boldsymbol{P}_{k|k-1} - \boldsymbol{P}_{k|k-1} \boldsymbol{H}_k^{\mathrm{T}} (\boldsymbol{H}_k \boldsymbol{P}_{k|k-1} \boldsymbol{H}_k^{\mathrm{T}} + \boldsymbol{R}_k)^{-1} \boldsymbol{H}_k \boldsymbol{P}_{k|k-1}]\boldsymbol{\Phi}_k^{\mathrm{T}} + \boldsymbol{G}_k \boldsymbol{Q} \boldsymbol{G}_k^{\mathrm{T}} \tag{5.52}$$

在下一时刻，预测得到的状态变量和误差协方差矩阵可以由下面的滤波方程修正，即

$$\begin{cases} \hat{\boldsymbol{X}}_{k|k} = \hat{\boldsymbol{X}}_{k|k-1} + \boldsymbol{P}_{k|k-1} \boldsymbol{H}_k^{\mathrm{T}} (\boldsymbol{H}_k \boldsymbol{P}_{k|k-1} \boldsymbol{H}_k^{\mathrm{T}} + \boldsymbol{R}_k)^{-1} (\boldsymbol{y}_k - \boldsymbol{H}_k \hat{\boldsymbol{X}}_{k|k-1}) \\ \boldsymbol{P}_{k|k} = \boldsymbol{P}_{k|k-1} - \boldsymbol{P}_{k|k-1} \boldsymbol{H}_k^{\mathrm{T}} (\boldsymbol{H}_k \boldsymbol{P}_{k|k-1} \boldsymbol{H}_k^{\mathrm{T}} + \boldsymbol{R}_k)^{-1} \boldsymbol{H}_k \boldsymbol{P}_{k|k-1} \end{cases} \tag{5.53}$$

3. 基于扩张状态观测器的反电动势观测方法

扩张状态观测器是一种基于输出误差的非光滑连续校正的非线性观测器。其设计思想是将系统的整个不确定模型及外部扰动作为扩张状态进行观测，可以在很大程度上脱离对系统模型的依赖，对一定范围的不确定系统具有很好的扩张状态跟踪性能[11]。

设有一阶受控对象，即

$$\dot{x} = f(x, v(t)) + bu(t) \tag{5.54}$$

式中，$f(x, v(t))$ 为未知函数；$v(t)$ 为未知外界扰动；$u(t)$ 为控制输入。

将 $f(x, v(t))$ 的实时作用量扩充成新的状态变量 x_2，则式(5.54)表示的系统转化为

$$\begin{cases} \dot{x}_1 = x_2 + bu(t) \\ \dot{x}_2 = \omega(t) \\ y = x_1 \end{cases} \tag{5.55}$$

为了观测式(5.55)所表示的对象，可采用如下形式的扩张状态观测器，即

$$\begin{cases} e = z_1 - y \\ \dot{z}_1 = z_2 - \beta_{01}fe_1 + bu(t) \\ \dot{z}_2 = -\beta_{02}fe_2 \end{cases} \tag{5.56}$$

式中，$fe_1 = \mathrm{fal}(e,\alpha_1,\delta_1)$；$fe_2 = \mathrm{fal}(e,\alpha_2,\delta_2)$；$\mathrm{fal}(e,\alpha,\delta) = \begin{cases} \dfrac{e}{\delta^{\alpha-1}}, & |e| \leqslant \delta \\ |e|^{\alpha} \, \mathrm{sgn}(e), & |e| > \delta \end{cases}$，

$\mathrm{fal}(e,a,\delta)$ 为最优综合控制函数，δ 为滤波因子，α 为非线性因子；y 为被控对象输出信号；z_1 为 y 的跟踪信号；z_2 为 $f(x,v(t))$ 的观测值；β_{01} 和 β_{02} 为输出误差校正增益。

对于在一定范围内变化的未知函数 $f(x,v(t))$，适当选择参数 α、β_{01}、β_{02} 就能使式(5.56)的解很好地逼近式(5.54)的状态 $x(t)$，以及模型和外扰的实时作用 $f(x,v(t))$。

线反电动势信号在电机运行过程中无法直接测量，为未知状态变量，需要对其估计。以 A、B 两相导通为例，将 e_{AB} 看作系统的未知扰动，其状态空间结构如图 5.26 所示。

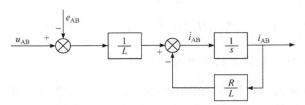

图 5.26　A、B 两相导通时的状态空间结构图

根据式(5.29)中的电流模型，式(5.54)中的函数 $f(x,v(t))$ 可以分解为

$$f(x,v(t)) = f(x) + f(t) = -\frac{R}{L}i_{AB} - \frac{1}{L}e_{AB} \tag{5.57}$$

式中，$f(x)$ 为电机模型中的参数确知部分；$f(t)$ 为电机模型中的未知扰动部分。

对 $f(t)$ 进行估计，式(5.56)可改造为

$$\begin{cases} e_1 = z_{11} - y_1, y_1 = i_{AB} \\ \dot{z}_{11} = z_{12} - \beta_{01}fe_1 - \dfrac{R}{L}z_{11} + \dfrac{1}{L}u_{AB} \\ \dot{z}_{12} = -\beta_{02}fe_2 \end{cases} \tag{5.58}$$

式中，z_{12} 为扰动 $f(t)$ 的实时观测值，记作 $z_{12} = \hat{f}(t)$。

若 $f(t) = \hat{f}(t)$，则可准确获得线反电动势 e_{AB} 的估计值，即

$$\hat{e}_{AB} = -Lz_{12} \tag{5.59}$$

根据式(5.58)，建立的无刷直流电机扩张状态观测器模拟结构如图 5.27 所示。

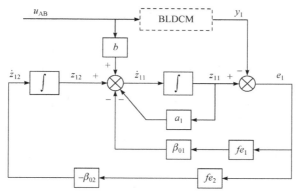

图 5.27　扩张状态观测器模拟结构图

为便于数字化计算，将式(5.58)离散化，得到的离散型扩张状态观测器为

$$
\begin{cases}
e_1 = z_{11} - y_1, \quad y_1 = i_{AB} \\
z_{11} = z_{11} + h\left(z_{12} - \beta_{01}fe_1 - \dfrac{R}{L}z_{11} + \dfrac{1}{L}u_{AB}\right) \\
z_{12} = z_{12} + h(-\beta_{02}fe_2)
\end{cases}
\tag{5.60}
$$

同理，根据式(5.29)建立关于线反电动势 e_{BC} 的二阶离散型扩张状态观测器，即

$$
\begin{cases}
e_2 = z_{21} - y_2, \quad y_2 = i_{BC} \\
z_{21} = z_{21} + h\left(z_{22} - \beta_{01}fe_1 - \dfrac{R}{L}z_{21} + \dfrac{1}{L}u_{BC}\right) \\
z_{22} = z_{22} + h(-\beta_{02}fe_2)
\end{cases}
\tag{5.61}
$$

因此，线反电动势 e_{BC} 的估计值为

$$
\hat{e}_{BC} = -Lz_{22}
\tag{5.62}
$$

进而，得到的线反电动势 e_{CA} 的估计值为

$$
\hat{e}_{CA} = -(\hat{e}_{AB} + \hat{e}_{BC})
\tag{5.63}
$$

参 考 文 献

[1] Chen W, Dong S H, Li X M, et al. Initial rotor position detection for brushless DC motors based on coupling injection of high-frequency signal[J]. IEEE Access, 2019, 7: 133433-133441.

[2] 王迎发, 夏长亮, 陈炜. 基于模糊规则的无刷直流电机起动策略[J]. 中国电机工程学报, 2009, 29(30): 98-103.

[3] 史婷娜, 吴曙光, 方攸同, 等. 无位置传感器永磁无刷直流电机的起动控制研究[J]. 中国电机工程学报, 2009, 29(6): 111-116.

[4] 史婷娜, 吴志勇, 张茜, 等. 基于绕组电感变化特性的无刷直流电机无位置传感器控制[J]. 中国电机工程学报, 2012, 32(27): 45-52.

[5] 李志强, 夏长亮, 陈炜. 基于线反电动势的无刷直流电机无位置传感器控制[J]. 电工技术学报, 2010, 25(7): 38-44.

[6] Xia C L, Li X M. Z-source inverter-based approach to the zero-crossing point detection of back EMF for sensorless brushless DC motor[J]. IEEE Transactions on Power Electronics, 2015, 30(3): 1488-1498.

[7] 李新旻, 夏长亮, 陈炜, 等. Z源逆变器驱动的无位置传感器无刷直流电机反电势过零点检测方法[J]. 中国电机工程学报, 2017, 37(17): 5153-5161.

[8] Chen W, Liu Z B, Cao Y F, et al. A position sensorless control strategy for the BLDCM based on a flux-linkage function[J]. IEEE Transactions on Industrial Electronics, 2019, 66(4): 2570-2579.

[9] 史婷娜, 肖竹欣, 肖有文, 等. 基于改进型滑模观测器的无刷直流电机无位置传感器控制[J]. 中国电机工程学报, 2015, 35(8): 2043-2051.

[10] 张倩. 永磁无刷直流电机 UKF 转子位置估计及变结构控制[D]. 天津: 天津大学, 2007.

[11] 王迎发. 无刷直流电机换相转矩波动抑制与无位置传感器控制研究[D]. 天津: 天津大学, 2011.

第6章 无刷直流电机控制系统设计与实现

无刷直流电机控制系统包括硬件和软件两部分。硬件部分由功率电路、驱动电路、微处理器控制电路与保护电路等组成。软件部分包括主程序和定时中断服务子程序等内容。本章将结合工程实际,辅以具体设计实例对上述内容展开分析。

6.1 硬件总体设计方案

无刷直流电机系统的硬件总框图如图 6.1 所示,主要包括功率电路、控制电路,以及其他外围电路。

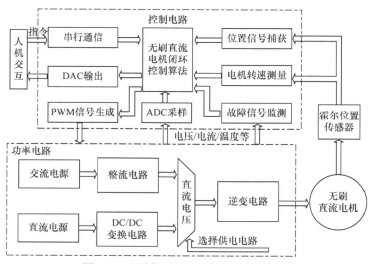

图 6.1 无刷直流电机系统的硬件总框图

在交流电源供电的应用场合,输入交流电先经过整流后变换为直流电,逆变电路将此直流电经过变换后输出,用来驱动无刷直流电机。在低压直流供电的应用场合,通常还需要在逆变电路前端添加 DC/DC 升压变换电路,以满足驱动电机所需的电压。根据不同的系统要求和应用场合,可以设计不同的功率回路拓扑结构,但是本质上均是通过确定不同功率器件的导通顺序和导通占空比来调节逆变电路的输出电压,进而实现无刷直流电机运行控制。

无刷直流电机控制电路是以微处理器芯片为核心,外围应用电路为辅助的嵌入式系统，主要包括串行通信模块、位置信号捕获模块、转速测量模块、模数转换(analog-to-digital converter，ADC)模块、数模转换(digital-to-analog converter，DAC)模块、PWM 信号生成模块、过压/过流/过温等故障信号监测模块等。在每个控制周期内，控制算法根据指令给定值和转速、电流等反馈值实时计算功率器件的占空比，并将更新的占空比与载波信号进行比较生成 PWM 信号，用于控制功率回路中器件的开关状态，满足电机不同运行工况下的电压需求。此外，在控制电路中还需结合电机运行特性设计过压、过流、过温等保护电路，提升电机系统运行的可靠性与安全性。

6.2　基于 SiC 功率器件的逆变电路设计

新型半导体材料和器件的研究与突破会带来新技术的变革和新兴产业的发展。以 SiC 和 GaN 为代表的宽禁带半导体材料是继以硅和砷化镓为代表的第一代、第二代半导体材料之后，迅速发展起来的第三代新型半导体材料。与目前广泛应用的硅材料相比，SiC 材料具有 3 倍于硅材料的禁带宽度，10 倍于硅材料的临界击穿电场强度，3 倍于硅材料的热导率，因此 SiC 功率器件适合于高频、高压、高温等应用场合，可实现模块及应用系统的小型化、集成化，大幅提升电力电子变换器的功率密度和效率[1]。

SiC MOSFET 快速的开关特性在提升变流器效率和功率密度方面具有独特的优势，但是快速的开关过程同时增加了器件对杂散参数的敏感度，有可能造成电压/电流尖峰和高频振荡等问题。特别是，在大功率变流器中，这些非理想特性在很大程度上限制了变流器转换效率的提升。为了充分发挥 SiC MOSFET 在高频变流器中的应用优势，应对功率回路进行优化设计以降低功率器件开关过程产生的电压/电流尖峰，减小杂散参数对器件开关特性的影响。

6.2.1　低杂散电感功率回路

图 6.2 所示为考虑杂散参数的 SiC MOSFET 三相逆变器等效电路。其中，U_d 为直流母线电压；C_d 为直流母线支撑电容；L_{Cd} 为支撑电容寄生电感；L_{bp} 和 L_{bn} 为母排的杂散电感；C_{gs}、C_{gd} 和 C_{ds} 分别为 SiC MOSFET 的栅源电容、栅漏电容和漏源电容；L_g、L_d 和 L_s 分别为栅极寄生电感、漏极寄生电感和源极寄生电感；R_g 为栅极内部电阻。

功率回路杂散电感是引起功率器件开关过程中产生电压/电流尖峰的关键参数。由图 6.2 可以看到，功率回路的杂散电感主要包括母排杂散电感、支撑电容寄生电感、功率器件寄生电感。器件寄生电感由封装形式和复杂的内部互连结构引起。母排的优化设计通常是降低功率回路杂散电感的一种有效方式[2]。

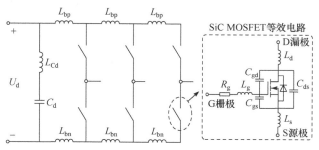

图 6.2　考虑杂散参数的 SiC MOSFET 三相逆变器等效电路

相比于平铺结构的母排，叠层母排将正负母排叠放，中间用很薄的绝缘层隔离，因此可以利用两层电流方向相反的母排之间的互感减小母排的总杂散电感。在正负母排叠层结构下，电流回路包围的面积越小，叠层母排的杂散电感越小，因此需要尽可能减小正负母排的间距。图 6.3 所示为两层叠层母排结构示意图。图中，w、l、h 分别为叠层母排宽度、长度、厚度；d 为两层母排间距；s 为换流回路长度。

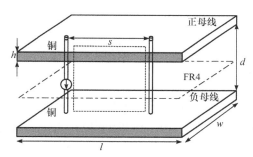

图 6.3　叠层母排结构示意图

图 6.4 给出叠层母排杂散电感随空间几何参数变化的曲线。如图 6.4(a)所示，在母排间距、厚度和宽度一定的情况下，随着母排长度的增加，杂散电感近似呈线性增长。当长度达到 400mm 时，母排电感为 4.71nH，当长度增加至 600mm 时，电感为 7nH，增幅约为 48.6%。如图 6.4(b)所示，在母排间距、厚度和长度一定的情况下，随着母排宽度的增加，杂散电感呈下降趋势；当宽度为 150mm 时，电感值为 10.68nH；当宽度增加到 250mm 时，电感值降为 6.52nH，降幅约为 38.9%。如图 6.4(c)所示，在母排间距、宽度和长度一定的情况下，随着母排厚度的增加，杂散电感呈上升趋势；母排厚度从 1mm 增加到 2mm，电感值约增大了 26%。如图 6.4(d)所示，在母排宽度、厚度和长度一定的情况下，随着母排间距的增加，杂散电感呈上升趋势；母排间距从 0.5mm 变化到 1mm，电感值增大了 40%。根据

仿真结果的定量分析可以看出，母排长度和宽度变化对杂散电感的影响最大，但是母排长度和宽度受装置整体布局制约较大，很难成倍变化。在设计母排时，应尽量使器件纵向布局，增大母排宽度，减小母排长度。

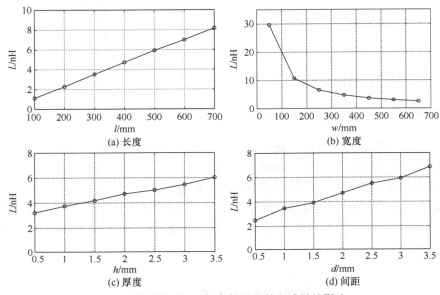

图 6.4 母排空间几何参数对杂散电感量的影响

6.2.2 缓冲吸收电路

为了降低功率器件开关过程产生的电压尖峰，除了设计叠层母排减小杂散电感的方法，在功率回路中设计合适的缓冲吸收电路是抑制瞬态电压尖峰的一种有效途径。

以典型的 SiC MOSFET 双脉冲测试电路为例进行说明。如图 6.5 所示，当下桥臂功率管 T_L 开通时，负载电流 I_{load} 流过功率回路杂散电感 L_{bp}、L_{bn}、L_{d_L}、L_{s_L}、L_{Cd} 存储能量；在功率管 T_L 关断过程中，漏极电流 i_D 快速下降产生较大的 di_D/dt，此时产生的杂散电感电压叠加在功率管 T_L 漏源极电压，进而导致瞬态电压尖峰。如果在靠近功率器件的地方添加缓冲电路，则可以吸收存储在杂散电感中的能量并钳位器件关断过程中的漏源电压，从而抑制瞬态电压尖峰。

根据组成缓冲电路的元件类型，缓冲电路可分为无源型和有源型两种。无源缓冲电路由电阻、电容、电感、二极管等无源元件构成，而有源缓冲电路不仅包含无源元件，还包括有源开关器件，以及驱动控制电路等[3]。相比于有源缓冲电路，无源缓冲电路结构简单、成本低、可靠性高，在工程应用中具有显著优势。

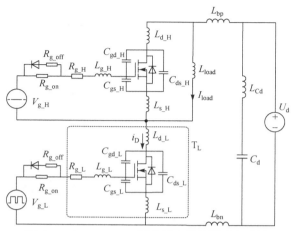

图 6.5　SiC MOSFET 开关瞬态特性测试电路图

　　图 6.6 给出四种常用的无源缓冲电路。如图 6.6(a)所示，在 C 型缓冲电路中，吸收电容 C_{SNB} 并联在桥臂两端。当器件关断时，电容 C_{SNB} 可以吸收杂散电感存储的能量，并且电容电压缓慢上升，从而有效抑制器件关断过程产生的瞬态电压尖峰。C 型缓冲电路的连接形式更适合封装 2 个分立半导体器件的功率模块。对于单个的分立器件，可以直接在器件两端添加缓冲电路。如图 6.6(b)所示，将吸收电容与电阻串联构成 RC 型缓冲电路。虽然电阻 R_{SNB} 可以限制器件开通过程中电容 C_{SNB} 瞬时放电产生的尖峰电流，但是该缓冲电路对关断过程中峰值电压的抑制效果不如 C 型缓冲电路。为了有效抑制器件关断过程产生的尖峰电压，同时对器件开通时的尖峰电流加以限制，在 RC 型缓冲电路基础上，电阻 R_{SNB} 并联一个二极管，便构成充放电式 RCD 缓冲电路，如图 6.6(c)所示。当器件关断时，电流通过二极管向电容 C 充电。由于二极管的正向导通压降很小，因此关断时的电压尖峰抑制效果与 C 型缓冲电路基本相同。然而，每个开关周期充入电容的能量全部通过电阻 R_{SNB} 释放掉，如果开关频率很高，电阻 R_{SNB} 将消耗大量的能量。为了减小电阻 R_{SNB} 的耗散功率，对充放电式 RCD 缓冲电路的连接形式稍作改变，可以得到钳位式 RCD 缓冲吸收电路，如图 6.6(d)所示。其中，电阻 R_{SNB} 的一端连接到母线电压正端或负端，此时只有当电容电压高于电源电压时，电容 C_{SNB} 才通过电阻 R_{SNB} 释放能量。也就是说，电阻 R_{SNB} 只消耗 C_{SNB} 所吸收的电压尖峰能量。这也意味着，每个开关周期内 C_{SNB} 中存储的能量只有部分释放，即使在高开关频率条件下，电阻 R_{SNB} 消耗的能量也不会大幅增加。上述几种缓冲电路各有优缺点。在实际应用中，应根据变流器的功率等级和拓扑结构选择合适的缓冲电路。

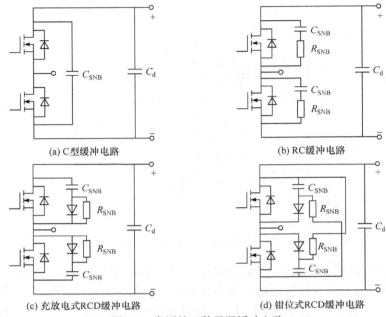

(a) C型缓冲电路　　　　　　　　　　　　　(b) RC缓冲电路

(c) 充放电式RCD缓冲电路　　　　　　　　(d) 钳位式RCD缓冲电路

图 6.6　常用的四种无源缓冲电路

6.2.3　SiC MOSFET 驱动电路

SiC MOSFET 通常工作在高频状态下。由于其特殊的参数特性,驱动电路的设计应满足以下要求[4]。

(1) 驱动芯片的输出脉冲具有快速的上升速度和下降速度。

(2) 能提供足够的输出功率和输出电流,以满足对 SiC MOSFET 的结电容快速充电。

(3) 驱动电压足够高,以充分发挥 SiC MOSFET 低导通电阻的性能。

(4) 减小驱动回路寄生参数,防止栅极振荡引发的电磁兼容问题。

(5) 加入 SiC MOSFET 串扰抑制电路以保证变流器工作的可靠性。

常见的 SiC MOSFET 驱动电路可以由分立元件构成,也可以由专用的栅极驱动器构成。专用栅极驱动器构成的电路较为简单,可靠性高,应用较为广泛。栅极驱动器种类很多,有单通道驱动器、半桥驱动器等多种类型,其中单通道驱动器由于其自由度较高而最为常见。

下面以一款磁隔离单通道栅极驱动器 BM6101FV-C 为例,对 ROHM 公司生产的一款 SiC 功率模块 BSM300D12P2E001 的驱动电路进行说明[5]。如图 6.7 所示,驱动电路主要包括逻辑输入与驱动放大电路、有源米勒钳位电路、故障监测及保护电路三部分。

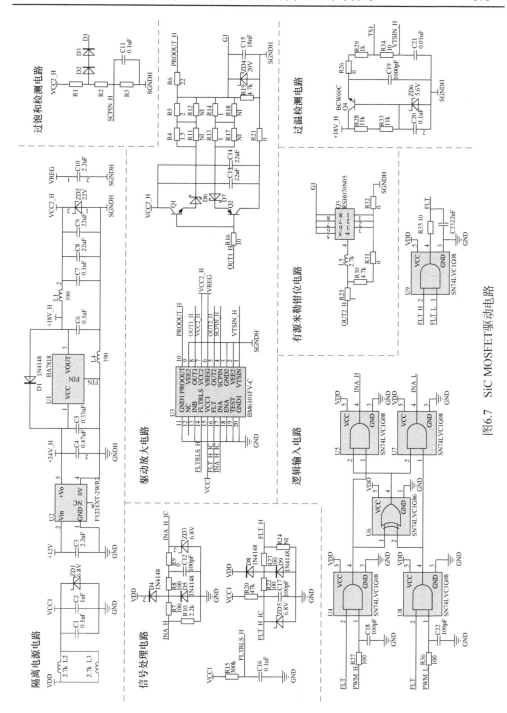

图6.7　SiC MOSFET驱动电路

1. 逻辑输入与驱动放大电路

1) 驱动放大电路

驱动放大电路的作用是将控制电路输出的 PWM 脉冲信号进行功率放大以驱动 SiC MOSFET。图 6.8 所示为采用 BM6101FV-C 等分立元器件构成的 SiC MOSFET 驱动放大电路的原理图。其中，INA_H_IC 为栅极驱动器的输入脉冲信号，OUT1_H 为输出的栅极驱动信号。为了增大电流驱动能力，保障 SiC MOSFET 快速开通和关断，在驱动输出端增加了推挽放大电路。当栅极驱动器的 OUT1 引脚输出高电平时，晶体管 Q1 导通，Q2 截止，驱动回路电流会通过外部开通电阻 R_{on_ext}(R_{on_ext} 为电阻 R_4、R_5、R_{11} 和 R_{12} 串并联后的等效电阻)为栅极电容快速充电，使 SiC MOSFET 导通；当驱动器的 OUT1 引脚输出低电平时，晶体管 Q2 导通，Q1 截止，栅极电容会通过外部关断电阻 R_{off_ext}(R_{off_ext} 为电阻 R_{13}、R_{14}、R_{17} 和 R_{18} 串并联后的等效电阻)快速放电，使 SiC MOSFET 关断。由于外部栅极电阻 R_{on_ext} 和 R_{off_ext} 直接影响器件开关过程中驱动回路电流的大小，因此通过调整外部栅极电阻的阻值可以调节 SiC MOSFET 的开通时间和关断时间。此外，SiC MOSFET 栅极耐压有限，为了防止栅源之间的绝缘层被过高的电压击穿，可以在栅源两端

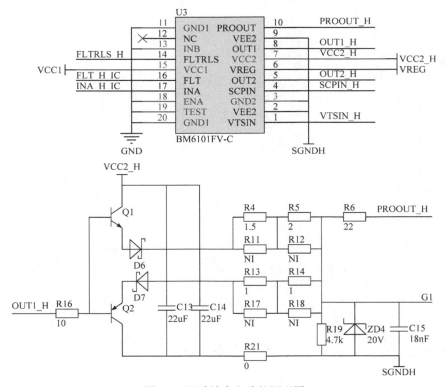

图 6.8　驱动放大电路的原理图

并联稳压二极管与电容。

对于驱动放大电路的设计,SiC MOSFET 驱动电压的选取非常关键。相比于传统的 Si 器件,SiC MOSFET 沟道部分的阻抗较高,越高的门极电压可以使 SiC MOSFET 的导通电阻越低。如果采用 IGBT 和 Si MOSFET 常规的驱动电压 U_{GS}=10V~15V,则不能发挥出 SiC 器件本身的低导通电阻的优势。为了使 SiC 功率模块 BSM300D12P2E001 的导通电阻尽可能低,推荐驱动电压 U_{GS} 在 18~20V。图 6.9 所示为生成 18V 驱动电压的电路原理图。首先,利用定压输入、非稳压输出的隔离型 DC/DC 电源模块 F1224XT-2WR2,将输入电压 12V 转换为输出电压 24V。然后,利用三端稳压器 BA7818 输出固定的 18V 电压,为栅极驱动器 BM6101FV-C 的输出侧提供稳定、可靠的供电电压。

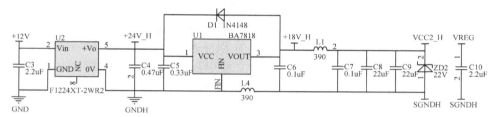

图 6.9　生成 18V 驱动电压的电路原理图

2) 逻辑输入电路

ROHM 公司推出的 BSM300D12P2E001 是封装了 2 个半导体分立器件的功率模块,构成三相桥式逆变电路的一个桥臂。上述主要介绍了上桥臂功率器件驱动放大电路的设计。同理,对于下桥臂功率器件的驱动放大电路具有相似的设计过程。此外,为了防止同一桥臂上、下功率器件直通,通常在栅极驱动器 BM6101FV-C 的输入前端加入逻辑电路实现硬件互锁,保证逻辑电路输入的上、下桥臂 PWM 脉冲信号同时为高电平时,输出信号为低电平。图 6.10 所示为实现上、下桥臂

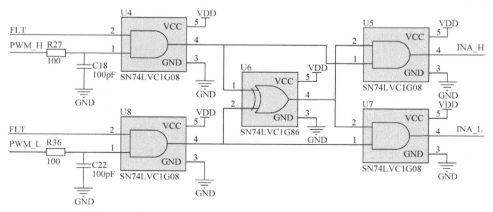

图 6.10　实现上、下桥臂 PWM 脉冲信号硬件互锁的逻辑电路

PWM 脉冲信号硬件互锁的逻辑电路。其中，PWM_H 表示控制上桥臂功率器件的脉冲信号；PWM_L 表示控制下桥臂功率器件的脉冲信号；FLT 为故障状态信号，正常情况下为高电平，故障情况下为低电平，用于封锁功率器件的驱动信号；INA_H 和 INA_L 为逻辑电路的输出信号。

2. 有源米勒钳位电路

SiC MOSFET 具有开关速度快、导通电阻小、开关损耗低等优点。然而，功率器件高速的开关特性使桥臂电路中上、下管之间的串扰问题变得更加严重。下面以上桥臂功率器件的开通过程为例，对桥臂串扰现象进行说明。如图 6.11 所示，在上桥臂功率管 T_H 快速开通过程中，下桥臂功率管 T_L 漏源极间电压瞬时升高。由于漏源极间的电压变化率会作用在米勒电容 C_{gd_L} 上，形成米勒电流。该电流流过功率管 T_L 的栅极驱动电阻和栅源电容，引起正向栅极串扰电压。该串扰电压可能超过功率管 T_L 开启的阈值电压，造成 T_L 误导通，严重时可能造成桥臂短路。通过相似的分析可得，上桥功率管 T_H 的快速关断过程会引起负向栅极串扰电压。当负向串扰电压超过器件允许的最大栅极负偏压时，同样会损坏功率器件。

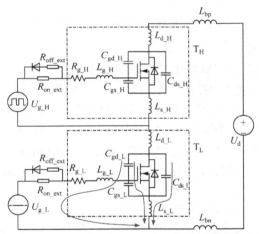

图 6.11　上桥臂功率管开通时的桥臂串扰现象

为了解决桥臂串扰影响器件可靠工作的问题，首先在栅源极间并入小电容来抑制串扰电压，然后利用 BM6101FV-C 内置的有源米勒钳位功能，在 SiC 功率器件关断期间使有源钳位功率管导通来抑制栅源极间电压的抬升。如图 6.12 所示，栅极驱动器的 OUT2 引脚用于控制外部有源钳位功率管 RSH070N05 的开关状态。当 OUT1 引脚输出高电平时，OUT2 引脚输出低电平，功率管 RSH070N05 处于关断状态。当 OUT1 引脚输出低电平且栅源电压小于阈值电压 U_{OUT2ON}(U_{OUT2ON}=2V)，OUT2 引脚输出高电平，功率管 RSH070N05 处于开通状态，从而使栅源极间电压 U_{GS} 接近 0V，避免栅极电位升高。

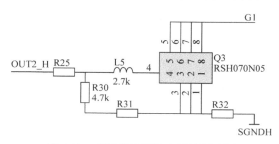

图 6.12　有源米勒钳位电路的原理图

3. 故障监测及保护电路

为了提升系统运行的可靠性，基于 BM6101FV-C 的驱动电路还需具备欠压锁存功能、退饱和检测功能和过温保护功能。

1）欠压锁存功能

当栅极驱动器输入侧或输出侧供电电压低于某一阈值时，驱动器输出引脚 OUT1 的输出信号将被封锁且保持低电平。同时，故障输出引脚 FLT 拉低并报出故障信号，直至电源供电电压恢复正常。BM6101FV-C 内置的欠压锁存电路自带迟滞与去毛刺滤波功能，以防止正常电压瞬变引起的欠压故障。

2）退饱和检测功能

在应用过程中，电磁干扰或者控制错误等引起的短路故障会使 SiC MOSFET 承受几倍，甚至十几倍的额定电流。为了使功率器件免受短路损毁，利用 BM6101FV-C 内置的退饱和检测功能来实现 SiC MOSFET 的短路保护。

当 SiC MOSFET 发生短路故障时，由于漏极电流迅速上升，SiC MOSFET 的通态压降会急剧增大。BM6101FV-C 通过检测漏源极间电压 U_{DS} 是否超过内部设定的比较值来进行短路保护。退饱和检测电路的原理图如图 6.13 所示。由图可知，栅极驱动器的 SCPIN 引脚电压 U_{SCPIN} 与漏源极间电压 U_{DS} 的关系可表示为

$$U_{SCPIN} = \frac{R_3}{R_2 + R_3}(2U_F + U_{DS}) \tag{6.1}$$

其中，U_F 为功率二极管的导通压降。

在 SiC MOSFET 处于导通状态下，若发生短路故障，U_{DS} 快速上升，从而导致 U_{SCPIN} 迅速增大；当 U_{SCPIN} 大于阈值电压 U_{SCDET}(U_{SCDET}=7V)时，BM6101FV-C 内部的比较器翻转并触发短路保护功能，此时驱动器输出引脚 OUT1 处于高阻态，引脚 PROOUT 输出软关断信号，同时故障输出引脚 FLT 拉低并报出故障信号。通过改变 U_F 值和调节 R_2、R_3 电阻值可以设置 SiC MOSFET 触发短路保护时的漏源极电压 U_{DS}。

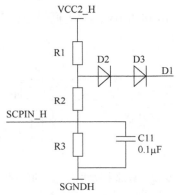

图 6.13　退饱和检测电路的原理图

3) 过温保护功能

虽然 SiC MOSFET 具有独特的耐高温特性，但是在大功率高频工作环境下，SiC MOSFET 产生的功率损耗会造成器件结温的升高，结温过高会导致器件失效。为了使 SiC MOSFET 可靠地工作在安全区，有必要对器件内部温度进行监测，必要时采取相应的过温保护措施。一种简单有效的方法是将 SiC MOSFET 内置的负温度系数(negative temperature coefficient，NTC)热敏电阻两端的电压输入至 BM6101FV-C 温度检测引脚 VTSIN。如图 6.14 所示，当温度检测引脚的输入电压小于阈值电压 U_{TSDET}(U_{TSDET}=1.7V)时，BM6101FV-C 内部的比较器翻转并触发过温保护功能，此时栅极驱动器的引脚 OUT1 输出低电平，同时故障输出引脚 FLT 拉低并报出故障信号。通过调节 R_{29} 电阻值可以设置功率器件过温保护的阈值。

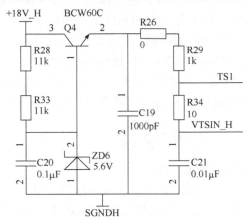

图 6.14　SiC MOSFET 过温检测电路的原理图

6.2.4　SiC MOSFET 逆变器样机

前面几节内容主要介绍如何设计低杂散电感功率回路、缓冲电路，以及 SiC

MOSFET 驱动电路。在此基础上，本节设计碳化硅逆变器样机，并对其性能进行测试。

仍以 ROHM 公司生产的 SiC 功率模块 BSM300D12P2E001 为例。图 6.15 所示为碳化硅逆变器结构设计图及样机实物。其中，叠层母排的设计以杂散电感不超过 15nH 为目标，考虑耐压、耐流、承重等因素，将母排长度 l、宽度 w、厚度 h 分别设计为 30.9cm、12.82cm、0.15cm，并且正负排之间的距离为 0.2cm。根据直流母线输入电压 400～500V 的变化范围，考虑电容电压的最大波动量，以及电容承受的纹波电流，选取 3 支 900V/220μF 的薄膜电容并联构成直流侧支撑电容。此外，选择 C 型缓冲电路抑制器件关断过程产生的瞬态电压尖峰。为了尽量取得好的缓冲吸收效果，将 3 支 0.1μF 的吸收电容直接并联在 SiC 功率模块两端。当吸收电容紧贴功率模块端口，并且选取的容值足够大时，可以有效抑制功率回路杂散电感引起的电压尖峰。需要说明的是，吸收电容本身也会引入寄生电感。因此，吸收电容的选型要特别注意容值、耐压、寄生电感等参数。

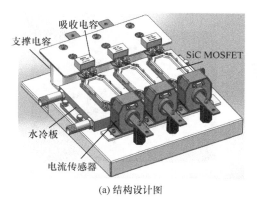
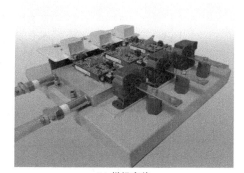

(a) 结构设计图　　　　　　　　　　　　　　(b) 样机实物

图 6.15　碳化硅逆变器结构设计图及样机实物

在功率回路布局与器件选型已经确定的情况下，驱动电路关键参数的选取是影响 SiC MOSFET 开关过程中动态性能的主要因素。SiC MOSFET 开关过程中的动态性能指标主要包括电气应力、高频振荡、开关损耗等。其中，电气应力主要包括开通过程中的电流过冲和关断过程中的电压过冲；高频振荡由幅值和频率表征，振荡幅值又取决于过冲最大值。因此，在保证 SiC MOSFET 开关过程中产生的过冲电压/电流不超过允许值的同时，应尽可能减小开通时间和关断时间，有利于提升逆变器的工作效率和可靠性。在阻感负载测试条件下，通过测试不同外部栅极电阻和栅源电容对器件开通和关断时间，以及电压和电流过冲峰值的影响，选取外部开通电阻 $R_{\text{on\_ext}}=1.65\Omega$、外部关断电阻 $R_{\text{off\_ext}}=0.2\Omega$、外部栅源电容 $C_{\text{gs\_ext}}=22\text{nF}$。在选取的驱动电路参数下，图 6.16 给出直流母线电压 450V、负载

电流 120A 条件下，SiC 功率器件开通过程和关断过程中的实验波形，图中 U_{DS} 为
SiC MOSFET 漏源极间电压，U_{GS} 为栅源极间电压。

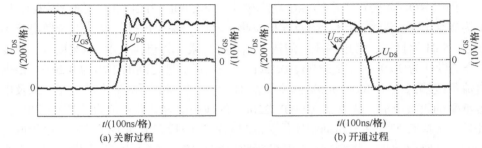

(a) 关断过程　　　　　　　　　　　　　(b) 开通过程

图 6.16　SiC 功率器件开通过程和关断过程中的实验波形

在相同阻感负载测试条件下，图 6.17 给出开关频率 20kHz 时三相负载电流和
逆变器效率的实验波形。可以看到，在负载电流为 120A 条件下，逆变器的效
率可达 98.89%。

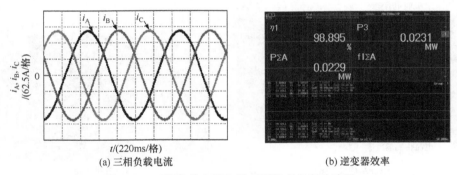

(a) 三相负载电流　　　　　　　　　　　(b) 逆变器效率

图 6.17　三相负载电流和逆变器效率的实验波形

6.3　微处理器控制电路设计

微处理器控制电路主要包括微处理器、外围设备、接口电路。其中，微处理
器是整个电路的核心部件，它主要负责对输入数据进行处理、实现各种复杂算法，
通过输出接口向驱动电路发送控制信号，将运算结果输出给外围设备，从外围设
备接受指令并做出相应的动作。微处理器的选择关系到整个无刷直流电机控制系
统能否良好运行并达到预期控制效果。近年来，数字信号处理器(digital signal
processor, DSP)以其强大的运算能力、丰富的片内外设资源及优良的性能价格比，
在电机控制系统中获得广泛应用。由于 DSP 串行执行指令，不擅长处理逻辑控
制，使其在一些复杂的应用场合受到限制。相比于 DSP，现场可编程门阵列(field-

programmable gate array，FPGA)具有高密度并行计算能力，在每个时钟周期内可以同时完成更多的处理任务，是一种可以实现自定义功能的可编程逻辑器件。采用 DSP+FPGA 多处理器协同工作的控制架构可以融合 FPGA 和 DSP 处理器的各自优势，更好地满足无刷直流电机系统复杂算法的处理能力。

6.3.1　多处理器协同工作架构

基于 DSP+FPGA 架构的控制电路总体设计框图如图 6.18 所示。使用 DSP C2000 系列 TMS320F28335 作为主处理器，主要负责无刷直流电机系统电压、电流采集与处理、电机转速和转子位置计算、控制算法执行和上位机通信等；使用 FPGA Cyclone 系列 EP1C6Q240C8 作为协处理器，主要负责系统 PWM 信号的产生与输出、故障信号检测与保护，以及控制外设完成数据转换与传输。其中，DSP 和 FPGA 通过外部接口 XINTF 进行连接，连接方式以并行总线形式实现，即地址总线、数据总线、控制总线。

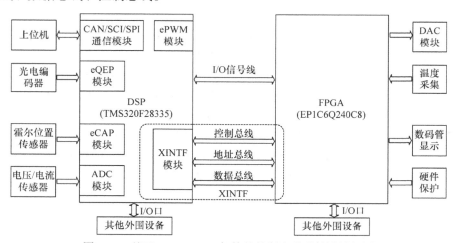

图 6.18　基于 DSP+FPGA 架构的控制电路总体设计框图

6.3.2　DSP 控制电路

在众多的 DSP 产品中，TI 公司的 DSP 产品系列较多，品种丰富。下面以无刷直流电机控制系统中应用较为广泛的 C2000 系列 TMS320F28335 为例，介绍在 DSP+FPGA 多处理器协同工作架构中的 DSP 控制电路。

TI 公司推出的 TMS320F28335 是一款 32 位浮点型数字信号处理器，工作频率达 150MHz，支持单指令周期乘法运算，能够在一个指令周期内完成 32×32 位的乘法累加运算，或 2 个 16×16 位的乘法累加运算，具有强大的运算能力，可以处理复杂的控制算法[6]。此外，TMS320F28335 具有较丰富的片上资源，其中片上存储器包括 256K×16 位的 FLASH、34K×16 位的 SRAM、8K×16 位的 BOOT ROM、

2K×16 位的 OPT ROM。片上外设包括增强型脉宽调制模块 ePWM、脉冲捕获模块 eCAP、正交编码模块 eQEP、高速 ADC 转换模块、外部接口 XINTF，以及 SCI、SPI、CAN 串行通信接口等。

在基于 DSP+FPGA 架构的控制电路中，DSP 主要负责执行电机控制算法。以实现无刷直流电机转速-电流双闭环控制算法为例，DSP 中的 SCI/SPI/CAN 模块用于和上位机进行通信以获得转速给定指令；内置 ADC 模块用于采集相电流和母线电压；eCAP 模块用于捕获霍尔位置传感器信号以计算电机转速和转子位置。在每个控制周期内，转速环控制器和电流环控制器根据转速、电流反馈值，实时计算功率电路中器件的导通占空比，并将计算结果通过外部接口 XINTF 传输给 FPGA 中的脉冲生成模块。

下面对 DSP TMS320F28335 的相关应用电路进行介绍，主要包括电源电路、ADC 采样调理电路、串行通信接口电路、DSP 与 FPGA 通信接口电路。

1. 供电电路

TMS320F28335 一般需要四种电源电压，即 1.8V 数字电源、3.3V 数字电源、1.8V 模拟电源和 3.3V 模拟电源。如图 6.19 所示，将 5V 的独立电源模块作为输入电源，利用 TPS62040DGQ 稳压器将 5V 输入电压转换为 DSP 内核工作电压 1.8VD；利用 AMS1117-3.3 三端稳压器将 5V 输入电压转换为数字 I/O 口供电电压 3.3VD，以及 ADC 模块的模拟供电电压 3.3VA 和 1.8VA。需要说明的是，数字电路和模拟电路部分要独立供电，数字地与模拟地之间通常加铁氧体磁珠或电感构成无源滤波电路。由于铁氧体磁珠在低频时阻抗很低，而在高频时阻抗很高，可以抑制数字电路产生的高频噪声对模拟电路的干扰。

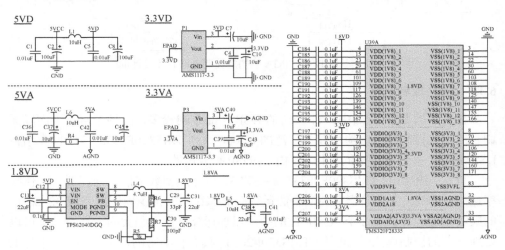

图 6.19　DSP 的供电电路原理图

2. ADC 采样调理电路

TMS320F28335 内部的 ADC 模块是一个 12 位分辨率、具有流水线结构的模/数转换器。为了将外部的电压、电流、温度等模拟信号输入 ADC 模块，通常需要在 ADC 输入引脚前端添加信号调理电路。如图 6.20 所示，添加的 ADC 采样调理电路将[−3V, 3V]的双极性模拟信号转换成单极性模拟信号[0, 3V]。当输入的模拟信号为电流信号时，首先需要通过电阻 R_{16} 和 R_{17} 转化为电压信号，然后将电压信号经过一级电压跟随器和一级同相比例运算放大器，转换为 ADC 模块要求的 $0\sim3V$ 电压信号。其中，瞬态抑制二极管 BAV99 用于限幅，防止超过 3V 以上的输入电压对 DSP 产生损害。

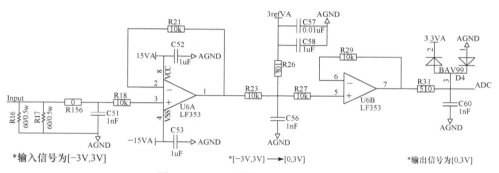

图 6.20　ADC 采样调理电路原理图

3. 串行通信接口电路

TMS320F28335 内部具有两个 SCI 串行通信模块，即 SCIA 和 SCIB。每个模块有各自独立的接收器和发送器。由于 DSP 的数字 I/O 口工作电压是 3.3V，当通过 SCI 模块和上位机进行通信时，需要使用串行接口电平转换芯片。如图 6.21 所示，串行通信接口电路选用传输速率 200Kbit/s、2.5kV 隔离式收发器 ISO3082 进行设计，符合 RS-485 通信标准。此外，由于 ISO3082 逻辑侧的供电电压选为 5V，I/O 口引脚供电电压为 3.3V，因此还需添加 74LVX3245 芯片实现 3.3〜5V 的电压转换。

4. DSP 与 FPGA 通信接口电路

在 DSP 与 FPGA 的通信电路中，DSP 通过外部接口 XINTF 将计算结果传输给 FPGA。在 DSP TMS320F28335 中，XINTF 接口映射到三个固定存储映像区域，分别是区域 0(Zone 0)、区域 6(Zone 6)和区域 7(Zone 7)，三个区域对应三个不同范围的地址且各自有独立的片选信号线。如图 6.22 所示，以区域 Zone 0 为例，当 DSP 将数据传输给 FPGA 时，对区域 Zone 0 的某存储单元进行写操作，并将相应

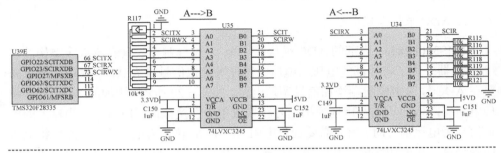

图 6.21 串行通信接口电路原理图

的地址送到 16 位宽度的地址总线 XA[16∶1]上，此时 Zone 0 的片选信号变为低电平。随之写选通信号 XWE0 也变为低电平，数据送到 16 位宽度的数据总线 XD[15∶0]上。在 FPGA 中，选择 16 路 I/O 口与地址总线连接、16 路 I/O 口与数据总线连接、3 路 I/O 口与控制总线连接，分别设置相应的地址寄存器、数据寄存器、控制寄存器，实时获取地址总线上的地址，并根据控制指令获取 DSP 传输来的数据信息。

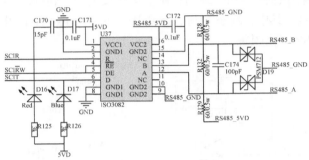

图 6.22 DSP 与 FPGA 通信接口电路原理图

6.3.3　FPGA 控制电路

Altera 公司生产的 Cyclone I 系列 FPGA 可以满足低功耗、低成本、高集成度设计的需求，是工业市场上成本敏感型应用的理想之选。控制电路中采用的 Cyclone I 系列 FPGA EP1C6Q240C8 拥有 6030 个逻辑单元、26 个 M4K 片上 RAM 块、2 个高性能 PLL，以及多达 185 个用户自定义 I/O 口[7]。FPGA EP1C6Q240C8 丰富的器件资源可以很好地协助 DSP 实现系统复杂的控制算法。

在基于 DSP+FPGA 架构的控制电路中，FPGA 主要负责产生 PWM 信号、监测系统故障信号，以及扩展外围设备。仍以实现无刷直流电机转速-电流双闭环控制为例，FPGA 将 DSP 计算的开关管占空比作为调制信号输入至波形生成模块，并与单周期载波进行比较输出 PWM 信号，用于驱动变流器中的功率器件；当 FPGA 接收到系统过压、过流、过温等故障信号时，则封锁驱动信号。此外，FPGA 还控制 4 通道、12 位的数模转换器 DAC7724 将数字信号转换为模拟信号，便于实时观测控制系统中一些关键性变量。同时，控制 MAX31865 采集变流器、电机内部热敏电阻温度并通过八位数码管显示，实现电机系统温度在线监测。

下面对 FPGA EP1C6Q240C8 的相关应用电路进行介绍，主要包括供电电路、PWM 信号输出电路、DAC 数模转换电路、温度监测电路。

1. 供电电路

对于 FPGA EP1C6Q240C8 而言，一般需要 1.5V 数字电源和 3.3V 数字电源两种。如图 6.23 所示，利用 AMS1117-1.5 和 AMS1117-3.3 两个稳压器分别将 5V 输入电压转换为 FPGA 内核工作电压 1.5VD 和 I/O 口供电电压 3.3VD。

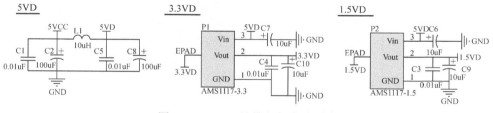

图 6.23　FPGA 的供电电路原理图

2. PWM 信号输出电路

当未检测到系统故障信号时，FPGA 正常输出 PWM 信号以控制变流器中功率器件的开关状态。如图 6.24 所示，由于 FPGA 的 I/O 口工作电压是 3.3V，首先利用 74LVX3245 芯片对 FPGA 产生的六路 PWM 信号进行电平转换，然后每路信号再经过 SN75452B 反相器，进一步增强信号的驱动能力。

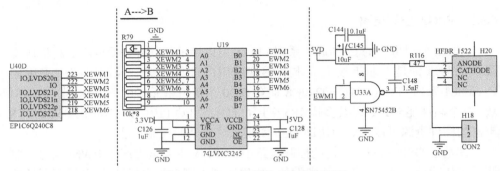

图 6.24　PWM 信号输出电路原理图

3. DAC 数模转换电路

在电机控制系统中，给定参考值、反馈值等关键性变量是通过 FPGA 控制 DAC7724 完成数模转换并实时显示的。如图 6.25 所示，DAC7724 的数字供电电

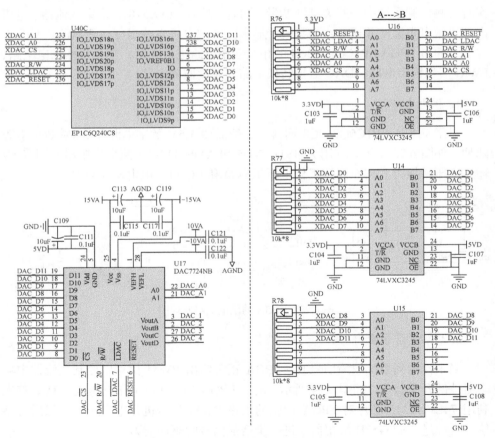

图 6.25　DAC 数模转换电路原理图

压为 5V，模拟供电电压为±15V，并且选用低噪声、高精度的电压基准芯片 AD587KR 为 DAC7724 提供±10V 参考电压。FPGA 和 DAC7724 通过高速的并行接口进行数据传输。信号线主要包含并行数据线 D[11：0]、片选信号线 $\overline{CS}$、DAC 输出通道选择地址线 A0 和 A1、加载 DAC 选通线 $\overline{LDAC}$，读写控制线 R/$\overline{W}$(高电平为读，低电平为写)。当 FPGA 向 DAC7724 传输数据时，首先通过控制 $\overline{CS}$、A0、A1、R/$\overline{W}$ 信号，将数据写入 DAC7724 的第一级输入寄存器，然后控制 $\overline{LDAC}$ 信号将输入寄存器的内容写入第二级 DAC 寄存器并启动转换。这种双缓冲工作方式可以使数据接收和启动转换异步进行，在 DAC 转换的同时接收下一个转换数据，提高通道的转换速率。

4. 温度监测电路

为了保障电机系统可靠运行，有时需要检测变流器、电机等关键部件的工作温度，并且针对温度异常的情况采取相应的保护措施。MAX31865 是一款集成度较高的电阻-数字转换器。其内置的高精度 ADC 可将温度检测器电阻与参考阻值之比转换成数字输出给 FPGA。根据数字量与测量温度之间的关系，可以通过八段数码管显示温度值。如图 6.26 所示，FPGA 与 MAX31865 之间是通过 SPI 串行通信实现数据传输，主要包含 4 根信号线，分别为串行时钟线 SCLK、数据输入线 SDI、数据输出线 SDO、片选信号线 $\overline{CS}$。当 FPGA 从 MAX31865 读取数据时，首先由 FPGA 产生串行时钟 SCLK 用于同步数据传输，并且控制 MAX31865 的片选信号 $\overline{CS}$ 为低电平；然后通过 SDO 信号线向 MAX31865 发送需要读取的寄存器地址。相应地，MAX31865 通过 SDO 信号线将温度寄存器数据输出给 FPGA。

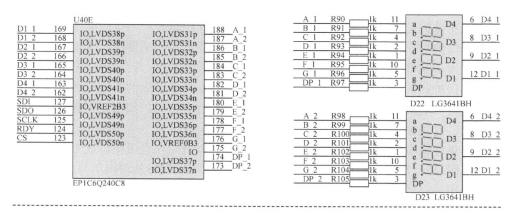

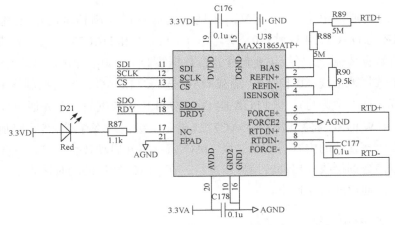

图 6.26　温度监测电路原理图

6.4　保护电路设计

在控制系统工作过程中，经常会发生很多异常情况。为了防止这些异常情况对控制电路、驱动电路和电机的损害，电路设计中需要加入必要的保护电路。第6.2.3 节中驱动电路的设计集成了功率器件短路保护、过温保护、供电过压/欠压保护等功能，这些保护通常根据功率器件的特性及其达到的性能极限进行设计。为了提升无刷直流电机系统运行的可靠性与安全性，在控制电路中还应该结合电机运行特性设计必要的保护电路，主要包括过压保护电路、过流保护电路、过温保护电路。

6.4.1　过压保护电路

过压保护是针对直流母线电压过高时采取的保护措施。当母线电压过高时，功率器件两端承受的反向电压将增加，严重时可能击穿功率器件，增加器件的故障率。为了能可靠、及时地处理母线电压过高的异常情况，控制电路中通常可设置软件保护和硬件保护两级保护。其工作原理均是将采集到的直流母线电压与事先设定好的阈值电压进行比较。如果母线电压超过电压保护阈值，则触发过压保护动作，封锁驱动脉冲并输出过压故障信号。

采集母线电压的方式通常有两种。第一种可以直接在直流侧母线电压上设置分压电阻，将分压电阻电压与设定的阈值电压经过比较器后的输出信号送入光耦。光耦输出的信号再送至 FPGA 中的故障状态监测模块，经逻辑运算后输出功率器件的驱动信号。这种方式可以保证系统控制电路和功率电路的隔离，并且结构简单、成本较低。图 6.27 所示为母线电压过压检测的电路原理图。

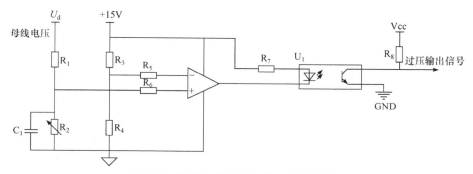

图 6.27　母线电压过压检测的电路原理图

另一种方式可以采用电压传感器或隔离放大器等具有电气隔离结构的器件采集直流母线电压。采集到的电压既可以送给比较器，也可以送给微处理器的 ADC 模块。这种方式采集到的母线电压精度较高，不仅可以用于过压监测，还可以将电压采样值用于电机控制。图 6.28 所示为采用 VSM025A 霍尔电压传感器测量母线电压的电路原理图。该传感器原边额定输入电流为 10mA，副边额定输出电流为 25mA。测量电压时，输入电阻 R_i（R_i 为 R_1 和 R_2 并联的等效电阻）串联在传感器原边回路上，输出电流经过测量电阻 R_m（R_m 为 R_3 和 R_4 并联的等效电阻），可以得到一个与原边电流成正比的输出电压信号。图 6.29 所示为利用精密隔离型放大器

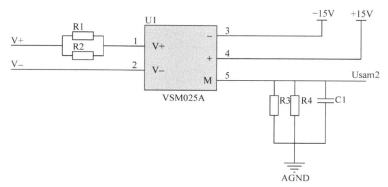

图 6.28　采用 VSM025A 霍尔电压传感器测量母线电压的电路原理图

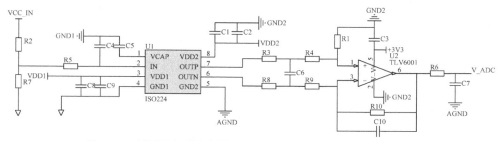

图 6.29　利用隔离型放大器 ISO224 测量母线电压的电路原理图

ISO224 测量母线电压的电路原理图。ISO224 通过抗电磁干扰性能极强的隔离栅来隔离输出和输入电路，直流母线电压经过电阻 R_2 和 R_7 分压后输入到隔离放大器，放大器的差分输出电压转换为单端电压后由 ADC 模块进行采样，进而获得母线电压的测量值。

6.4.2　过流保护电路

　　过流保护是针对电机相电流超过设计极限值时采取的保护措施。在电机起动、超载、堵转等条件下均会出现过电流的异常情况。若不及时处理，则会引发电机发热严重，加速绕组绝缘老化，严重时会损坏电机。为了能可靠及时地处理电机过电流的异常情况，在控制电路中同样可以设置软件保护和硬件保护两级保护。其工作原理同过压保护类似，电流采集方式也主要包括两种。

　　第一种方式是在直流侧负端串入采样电阻，将电流信号转变为电压信号，然后与设定的阈值电压进行比较。母线电流过流检测的电路原理图如图 6.30 所示。如果电机额定电流较大，正常情况下采样电阻本身的发热损耗也会很大。此时，对采样电阻的功率要求很高。因此，这种通过串入采样电阻检测母线电流的方式更适合小功率电机系统。

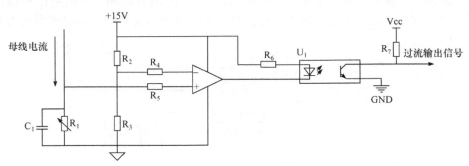

图 6.30　母线电流过流检测的电路原理图

　　与过压保护电路类似，过流保护电路也可以采用电流传感器采集直流侧母线电流或电机相电流。这种方式灵活性高、安全性较好、应用范围广，并且采集到的数据不仅可以用于过流监测，还可以将电流采样值用于电机控制。图 6.31 所示为采用 LA150-TP 霍尔电流传感器测量母线电流的电路原理图。该传感器原边额定输入电流为 150A，副边额定输出电流为 75mA。测量电流时，副边输出电流经过测量电阻 R_m(R_m 为 R_1 和 R_2 并联的等效电阻)可以得到一个与原边电流成正比的输出电压信号。

6.4.3　过温保护电路

　　过温保护主要是对电机、变流器等关键部件的工作温度在超过允许的最高温

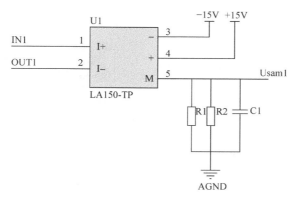

图 6.31　采用 LA150-TP 霍尔电流传感器测量母线电流的电路原理图

度情况下采取的保护措施。第 6.2.3 节介绍的驱动电路中，设计了功率器件内部温度保护电路，可以避免结温过高导致的器件失效，提高系统运行的可靠性。除此之外，在电机实际运行过程中，一些恶劣的工作环境和复杂的负载工况还会使电机整体温度过高，甚至超出电机设计的安全工作温度，如果不加以保护很容易致使电机性能下降，甚至损坏。

过温保护原理同过压、过流保护类似。其思想同样是将检测值与设定的保护阈值进行比较，根据比较结果决定是否触发保护动作。一种常用的电机温度检测方法是将热电偶、电阻温度检测器(resistance temperature detector，RTD)、热敏电阻等温度传感器预埋在电机内部的温度采集点，然后利用分压器电路产生与温度成比例的输出电压。比较输出电压与设定的温度保护阈值电压，一旦温度超过设定阈值，比较器输出低电平，触发过温保护动作，此时电机通常会降额运行或者停机。

6.5　软　件　设　计

6.5.1　软件主程序设计流程

6.3 节介绍了基于 DSP+FPGA 架构的协同处理器硬件电路。本节将在硬件电路基础上进行相应的软件设计。带位置传感器的无刷直流电机控制系统软件程序流程图如图 6.32 所示。

DSP 程序是整个控制系统软件设计的核心部分，主要包括电压/电流采样程序、过压/过流软件保护程序、与上位机通信程序、与 FPGA 通信程序、电机转速及转子位置计算程序、电机闭环控制程序。以上程序是利用 C 语言在 TI 公司提供的 CCS8.3 集成开发环境上编写调试的。FPGA 程序主要包括硬件保护电路状

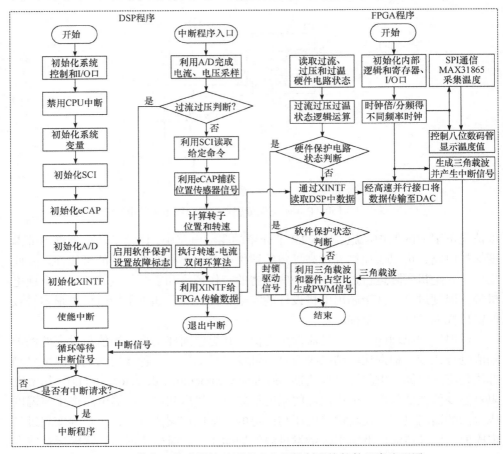

图 6.32　带位置传感器的无刷直流电机控制系统软件程序流程图

态监测程序、与 DSP 通信程序、驱动信号生成程序、数模转换控制程序、温度采集与显示程序等。以上程序是利用 Verilog HDL 硬件语言在 Altera 公司提供的 Quartus II 13.0 集成开发环境上编写调试的。

　　DSP 系统开始运行前，首先需要进行系统初始化操作，不但包括系统时钟、看门狗、系统中断、片内外设模块 (ADC、SCI、eCAP、XINTF 等)、I/O 口等初始化，还包括软件变量的初始化。在初始化过程中，为了防止意外的中断请求，应该在主程序的开始处关闭所有中断，待完成初始化工作之后再打开。在整个程序进入循环等待状态下，一旦接收到 FPGA 发出的中断请求信号，则转去执行中断子程序。进入中断子程序后，首先执行电压、电流采样程序，将采集的电压、电流值与预先设定的保护阈值进行比较，并判断系统是否发生过压、过流等故障。如果系统发生故障，则功率开关管的占空比将清零并将相应的故障状态标志传输给 FPGA，反之，继续执行中断子程序；通过 SCI 通信读取上位机发送的给定指令，并根据捕获单元获取的霍尔位置传感器信号计算电机转速和转子位置，进而执行电机闭环控制程序。最后，将 DSP 计算的重要结果传输至 FPGA。

在执行 FPGA 程序时，同样需要对系统内部逻辑、寄存器、I/O 口进行初始化。利用锁相环(phase-locked loop, PLL)对输入时钟进行倍频或者分频，以生成各种其他频率的时钟，为 XINTF 数据传输模块、载波生成模块、驱动信号生成模块、数模转换控制模块、温度采集模块、数码管显示模块等提供时钟信号。首先，综合硬件保护和软件保护两层级保护判断系统是否发生故障，包括读取过压、过流、过温硬件保护电路的输出状态，并进行逻辑运算，以及读取 DSP 传输的故障状态标志位。如果系统没有发生故障，则利用 DSP 计算的功率管占空比与载波进行比较，产生 PWM 驱动信号并输出；反之，触发保护动作、封锁驱动脉冲。此外，FPGA 控制数模转换器 DAC7724，将控制系统中重要的计算结果转换为模拟量进行输出，并控制电阻-数字转换器 MAX31865 获取电机、变流器中重要检测点的温度并通过数码管进行显示。

无位置传感器无刷直流电机控制系统的软件程序与带位置传感器程序流程大体相同，不同之处主要有以下几点。

(1) 由于转子初始位置未知，因此在主程序中要加入转子起动程序。

(2) 由于不需要通过位置传感器来获得电机换相信号，因此可去掉 eCAP 模块的初始化程序和读取捕获单元状态的程序。

(3) 中断服务子程序中应加入反电动势法、磁链法等转子位置检测算法的程序。以相反电势法获取电机换相信号为例，子程序中应增加电机端电压采样程序与反电动势过零点捕获程序。图 6.33 所示为采用相反电动势法获得电机换相信号的流程图。

6.5.2　软件可靠性设计

随着无刷直流电机控制系统的规模和算法越来越复杂，其对软件的可靠性要求越来越高，因此软件中需要加入一些抗干扰程序来提高可靠性[9]。影响电机控制系统软件可靠性的因素很多，下面介绍几个提高软件可靠性的常用措施。

1. 开关量输入输出的软件抗干扰措施

开关量采集是电机控制中常见的问题。在电机控制系统中，对信号采集的准确性与实时性都有较高要求。在某些特定情况下，准确性与实时性可能产生冲突。如果只顾及准确性，就可能花费较长的时间，无法满足控制系统对开关量变位时间分辨率的要求；反之，只考虑实时性，则可能降低信号采集的准确性，造成开关量的频繁变位，影响控制装置的正常工作。一般情况下，干扰信号均为很窄的

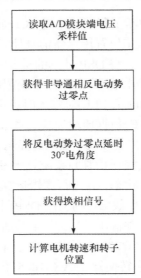

图 6.33　采用相反电动势法获得电机换相信号的流程图

脉冲,而开关量信号持续有效的时间较长。根据这一特点,可以对同一开关量间隔一个很短的时间多次采集。间隔的时间可以根据有效信号的宽度和系统的速度来确定,当连续两次或者两次以上的采集结果完全相同才认为信号有效。

在控制系统输出开关量时,可能会有一些干扰信号通过共用线路反馈到输出接口,导致输出寄存器值改变,从而使控制系统产生误差或误动作。最有效的软件解决办法是重复输出相同的数据。如有可能,重复周期应该尽可能短,使控制设备受到干扰信号还来不及做出反应,正确的输出信息又到达了。这样就可以防止出现误差或误动作。

2. 模拟量输入输出的可靠性设计

干扰信号作用到模拟量输入通道上会使 A/D 转换结果偏离真实值,对于微弱的模拟量信号,此问题会更加严重。如果仅采样一次,可能无法确定 A/D 转换结果的可信性,因此需多次采样,采样序列经过数字滤波可提高转换值的可信度。数字滤波的方法有很多种,如算术平均值滤波、加权平均值滤波、滑动平均值滤波、惯性滤波等。在无刷直流电机控制系统中,可采用算术平均值滤波,即对同一模拟量多次采样,然后计算平均值作为该模拟量的采样值,以减小系统随机干扰对采样结果的影响。

3. 程序执行过程中的软件抗干扰措施

如果干扰信号通过某种途径作用到微处理器上,则微处理器可能不按正常状态执行程序，甚至导致程序跑飞。程序跑飞后可能会将一些操作数当作操作码来执行，引起整个程序的混乱；或者干扰信号作用在传输数据过程中，因为数据错误引起的误操作也会对整个控制系统造成混乱。防范程序运行过程中的干扰信号，可以采取以下几种措施。

1) 指令冗余

在一些关键地方，人为地插入一些单字节的空操作指令。当程序"跑飞"到某条单字节指令时，就不会发生将操作数当成操作码执行的错误，保证该指令会得到很好的执行，从而使程序重新纳入正常轨道。

2) 软件陷阱

软件陷阱是一条引导指令，用来捕获跑飞的程序，并强行将捕获的程序引导到专门处理错误的程序段。通常软件陷阱都安排在正常程序执行不到的地方，因此不会影响程序的执行效率。

3) 看门狗

如果跑飞的程序落到一个临时构成的死循环中，上述两种方法都将无能为力，这时只有采用复位的方法强迫程序重新运行来使系统恢复正常。常用的一种自动复位方法是使用微处理器中的看门狗功能。

4) 数据传输校验

上位机和下位机间的数据传输易受外界干扰，为应对这种干扰可以采取两方面的措施。一方面是多次发送关键数据，即发送方多次发送关键数据或指令，接收方只有接收到多次同样的数据或指令，才认为数据有效，并执行相应的动作。另一方面是在通信协议中加入校验，使通信协议按一定规律编码，即使通信数据中有某些位受到干扰，接收方也能进行纠错，还原本来的信息，但是这种方式使通信数据变长、实时性变差，需根据具体情况综合考虑。

5) 数据保护

在程序运行过程中，如果程序本身不容许被改变，可以在系统中配置只读存储器，将程序代码写入只读存储器。这样可以有效避免误操作，增强系统可靠性。为了避免程序运行过程中产生的重要数据在突然掉电时丢失，可以在系统中配置FLASH 等非易失性的存储器，并将数据存入其中，这样可以有效地保护系统中的重要数据。

6.6　典　型　实　例

无刷直流电机以其功率密度高、运行效率高、可靠性高、控制简单等特点在工业、办公自动化、家用电器、交通工具、医疗器械等领域获得广泛应用。本节主要介绍无刷直流电机在变频空调、电动汽车、四旋翼无人机场合的应用实例。

6.6.1　变频空调中的应用

1. 变频空调控制系统介绍

空调器作为能够改善人民生活和工作环境的重要设备,逐渐成为日常工作生活的必需品。近年来,随着空调保有量的持续上升,空调用电量已位列各类家电产品耗电量之首。在国家节能环保要求日益提高的今天,空调节能刻不容缓。

变频空调是新型的高效节能空调器,能够根据室内负载大小自动调节压缩机电机的转速,长期运行有明显的节电效果,已经成为空调行业的发展趋势。

图 6.34 所示为变频空调控制系统结构图。变频空调主要由室内机和室外机两部分组成。二者通过制冷剂连接管和供电通信电缆连接[10]。其中,室内机主要包括风机、室内环境温度传感器、室内空调管路系统等部分。作为上位机,室内机主要实现室内温度检测、压缩机转速计算、给室外机发送控制指令等功能。室外机主要包括压缩机、四通阀、风机、温度传感器、室外机管路系统等部分。其中,压缩机被称为空调器的心脏,近年来随着永磁材料的发展,在变频空调压缩机电机的选择上,无刷直流电机以其功率密度高、运行效率高等特点,逐渐取代常用的变频调速异步电动机。

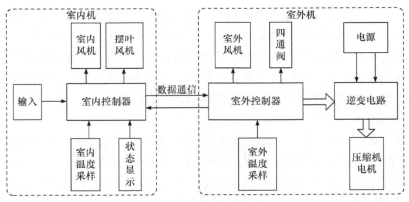

图 6.34　变频空调控制系统结构图

图 6.35 所示为变频空调控制系统室内机和室外机的主程序流程框图。如图 6.35(a)所示,对于室内机,当主程序开始时,首先进行端口初始化,并根据工作环境的需要,进行制冷、制热、除湿、自动和除霜五种运行模式的选择及定时的设定;然后,利用传感器实时检测室内温度,并与设定温度进行比较,计算控制信号;最后,根据控制信号控制室内风机,并将该控制信号传送给室外机,控

制压缩机的运行。如图 6.35(b)所示，对于室外机，当主程序开始时，首先进行端口初始化，利用温度传感器实时检测外界环境温度、盘管温度、压缩机排气温度等，并将采集的温度信号通过通信方式传递给室内控制器。在通信期间始终进行电流保护，通信结束后，利用控制芯片对四通阀及外机风扇进行控制。然后，判断压缩机是否正常起动，如果压缩机正常起动，则控制压缩机按给定速度旋转，否则进入压缩机故障保护状态，起动失败。

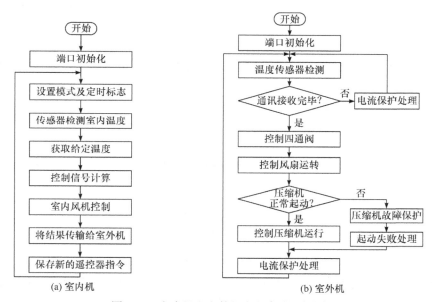

(a) 室内机　　　　　　　　　　(b) 室外机

图 6.35　室内机和室外机主程序流程框图

2. 变频空调控制系统的特点

无刷直流电机采用永磁体励磁，相比于交流异步电动机的效率更高，并且具有结构简单、体积小、维护方便等优点。因此，当采用无刷直流电机驱动压缩机时，变频空调控制系统主要有以下特点[11]。

(1) 高效节能。能够随时调节压缩机电机的运转速度，从而做到能源的合理使用，与定频空调相比，可以避免因压缩机频繁起动产生的电能消耗。

(2) 调温速度快。当室温和设定温度相差较大时，变频空调控制系统以最大功率工作，使室温迅速上升或下降到设定温度，制冷或制热效果明显。

(3) 温控精度高。变频空调控制系统通过改变压缩机电机的转速控制空调的制冷或制热量。当室温接近设置温度时，保持低功率运行，室内温度控制可以精确到 ±0.5℃，使人体感觉非常舒适。

(4) 噪声低。变频空调控制系统能够避免定频空调压缩机电机的频繁起停，运转相对平衡，噪声较小。

(5) 宽电压范围运行。变频空调控制系统对电压的适应性较强，有的变频空调，甚至在电压降至 150V 时仍可以正常起动和运行，因此可用于电压波动较大的偏远地区。

3. 变频空调电机系统的技术要求

变频空调压缩机在正常运行时，内部充满强腐蚀性高压制冷剂，温度通常超过 120°。在这种密闭的高温高压条件下，位置传感器会降低无刷直流电机的可靠性及普适性，同时增加小容量设备的硬件成本，因此无刷直流电机驱动的变频空调多采用无位置传感器控制方案。图 6.36 所示为无刷直流电机无位置传感器控制框图。

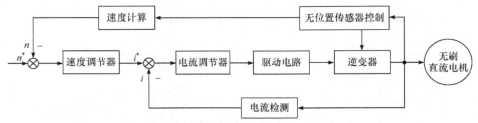

图 6.36　无刷直流电机无位置传感器控制框图

图中，整个控制系统由电流环和速度环组成。在速度环中，电机电压信号经过无位置传感器控制算法程序处理后得到速度 n，参考速度 n^* 与计算速度 n 的偏差通过速度调节器形成参考电流 i^*；在电流环中，参考电流 i^* 与检测到的实际电流 i 进行计算，由电流调节器产生占空比可调的 PWM 信号。最后经逆变电路驱动无刷直流电机，带动压缩机运行。

在无刷直流电机转子旋转一周的过程中，压缩机气缸内气体需要经过吸气、压缩、排气三个阶段。缸内气体压力发生变化，因此电机负载转矩会发生周期性的波动。一个机械周期内的旋转式压缩机负载曲线如图 6.37 所示。除此之外，压

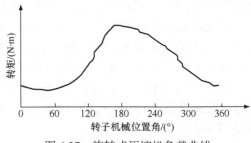

图 6.37　旋转式压缩机负载曲线

缩机负载还会受到制冷循环系统中吸气口与排气口之间的气压差，以及机械安装等方面的影响，总体上呈现不规则性。因此，这要求无刷直流电机驱动系统既要实现大范围的负载转矩输出，又要快速响应负载的变化[12]。

6.6.2　电动汽车中的应用

1. 电动汽车电力驱动系统介绍

近年来，能源短缺和环境污染问题日益突出，发展零油耗、零排放的纯电动汽车，加快交通领域传统能源向新能源的过渡，不仅是缓解能源危机、减少环境污染的有效方案，还是我国产业升级的重要战略方向。相比于传统燃油汽车，纯电动汽车在能量传递方式、驱动系统布局、储能装置方面均有不同。纯电动汽车主要由三个子系统组成，即电力驱动子系统、主能源子系统、辅助控制子系统。典型的电动汽车电力驱动系统组成示意图如图 6.38 所示[13]。其中，电力驱动子系统由电子控制器、功率转换器、驱动电机和机械传动装置组成，其作用是将电能转化为动能；主能源子系统包括主电源、能量管理系统、充电系统，是电动汽车的动力源；辅助控制子系统具有动力转向、温度控制、辅助动力供给等功能，可提高汽车的操作性和舒适性。

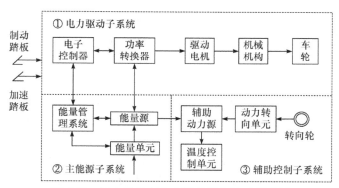

图 6.38　纯电动汽车电力驱动系统组成示意图

根据电力驱动系统结构布置的不同，电动汽车驱动方式可分为单电机集中式驱动和多电机分布式驱动两种。集中式驱动与传统燃油汽车驱动结构接近，用电动机替代内燃机，通过机械传动装置将电动机输出力矩传递到车轮驱动汽车行驶。分布式驱动是将多个电机集成在车轮附近或车辆内部，将不同电机输出动力传递给相应车轮。根据电机位置和传动方式的不同，分布式驱动又可分为轮边电机驱动和轮毂电机驱动。其中，轮毂电机驱动是将多个电机集成到车辆内部，实现电机直接驱动车轮的目的。相比于集中式驱动，轮毂电机驱动取消了复杂的传动系统，使车辆的底盘结构大大简化，传动效率得到提高。此外，轮毂电机驱动可更充分地回收车辆在制动或惯性滑行过程中释放出的能量,进而提高系统能量利用率,有效提升电动汽车的续航里程。图 6.39 所示为电动汽车四轮轮毂电机驱动系统结构简图。四个轮毂电机相互独立运转,服从整车控制器的智能管理,响应迅速、转向灵活、分配多样,可根据实际路况智能调整不同的驱动模式。

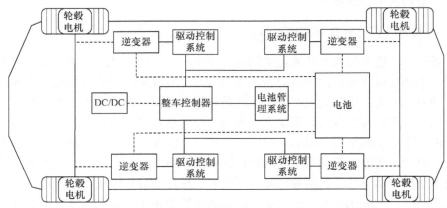

图 6.39　电动汽车四轮轮毂电机驱动系统结构简图

2. 电动汽车用无刷直流轮毂电机

电动汽车通常面临频繁起动/制动、加速/减速和重载爬坡等复杂工况。作为电动汽车的心脏,驱动电机系统为整车提供动力输出。该系统的性能直接决定复杂工况下车辆的动力品质、能耗、控制特性。目前,电动汽车驱动电机多采用感应电机、开关磁阻电机、永磁无刷电机等。其中,无刷直流轮毂电机因效率高、功率密度大、起动转矩大、调速性能好等优势,能够很好地契合电动汽车的行驶需求及高效轻量化的发展方向,在电动汽车领域具有较好的发展前景。

目前,电动汽车用无刷直流轮毂电机主要有减速式轮毂电机和直驱式轮毂电机两种。减速式轮毂电机一般采用内转子结构设计,其转速较高,需经过减速器驱动车轮。在这种减速驱动方式下,电机运行在高速下具有较高的比功率和效率,并且电机体积小、质量轻。通过齿轮增力后输出扭矩大,可以保证电动汽车低速运行时获得较大的平稳转矩,具有良好的爬坡性能,但由于减速器的存在,降低了电机的驱动效率,并且齿轮工作时机械磨损较快,使用寿命短、噪声偏大。相反,直驱式轮毂电机多采用外转子结构设计,其转速相对较低,无须减速装置直接驱动车轮。在这种直接驱动方式下,整个驱动轮结构简单、紧凑,轴向尺寸小,同时系统传动效率较高,响应速度较快,噪声小,但电动汽车起步、加速、爬坡时,系统将承受大扭矩输出情况下所需的大电流,使电池、变流器等关键部件面临更高的要求。图 6.40 所示为一种直驱式轮毂电机结构示意图。

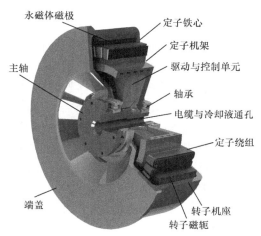

图 6.40　一种直驱式轮毂电机结构示意图

3. 电动汽车轮毂电机系统的技术要求

轮毂电机系统是分布式轮毂驱动电动汽车的核心运动部件,通常将驱动电机、电控组件、传动、制动装置等部件高度集成于车轮内部,形成动力、传动及制动一体化设计。考虑电动汽车运行工况的复杂性,以及分布式轮毂驱动方式的特殊性,轮毂电机系统应满足以下几方面技术要求。

(1) 由于电动汽车自重和轮毂空间有限,要求轮毂电机具有较高的转矩密度。

(2) 为了满足电动汽车快速起动、加速、爬坡、频繁起停的要求,轮毂电机应具有较宽广的调速范围和较强的抗过载能力,并且在较宽的转速、转矩工作区域内能保持较高的效率。

(3) 轮毂电机系统面临严苛的体积与质量约束。电机在多物理场的强耦合作用下,电磁参数时变特征明显,会严重影响电机控制器在全工况范围内的性能表现。为了提升电动汽车行驶的平顺性,应该考虑系统参数非线性时变特性和集总扰动,设计高动态、高精度的转矩控制策略。

(4) 轮毂电机系统通常会面临高温、低温、潮湿、粉尘、路面冲击等恶劣环境。为了提升电动汽车运行的可靠性和环境适应性,应该采用无位置传感器控制技术获得准确的转子位置信号,以克服位置传感器在结构与安装、抗电磁干扰、环境适应性等多个方面存在的不足。

(5) 为了提高有限车载能源的利用率,延长电动汽车续驶里程,应该设计轮毂电机系统最优制动能量回馈控制策略,将车辆制动或惯性滑行过程中的机械能转换为电能存储在储能装置,以备在驱动过程中有效利用所回收的能量。

4. 电动汽车四轮轮毂驱动控制系统

图 6.41 所示为电动汽车四轮轮毂驱动控制系统原理框图。可以看出,整个控制系统主要包括力矩计算层、力矩分配层、电机控制层 3 部分[14]。在力矩计算层,根据驾驶员给定的车辆转向角 δ、车辆初速度即驾驶员期望速度 V_d、车辆理想的横摆角速度 γ_d,以及理想的侧偏角 β_d,计算车辆所需的总转矩 T_d 和附加横摆力矩 ΔM。在力矩分配层,综合考虑车辆不同行驶工况下的动力性、稳定性,以及效率优化等因素,将总力矩包括横摆力矩与驾驶员需求总驱动力矩,分配到四轮电机控制器。在电机控制层,不同控制器根据各个驱动轮的给定力矩 T_{fl}、T_{fr}、T_{rl}、T_{rr},分别计算驱动左前轮电机、左后轮电机、右前轮电机、右后轮电机所期望的电压值,将该电压与载波进行比较生成 PWM 信号,控制变流器中功率器件的开关状态,进而实现轮毂电机驱动控制。

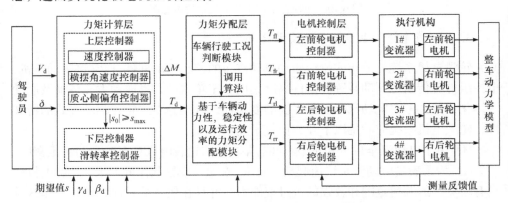

图 6.41　电动汽车四轮轮毂驱动控制系统原理框图

6.6.3　四旋翼无人机中的应用

1. 四旋翼无人机动力系统介绍

多旋翼无人机凭借其可垂直升降、结构简单、机动灵活、环境适应强等优势,被广泛应用于民用、工业和军事领域。通过配合摄像头、热成像传感器等多种终端部件,多旋翼无人机可完成多种难度系数大、危险程度高的重要工作。例如,在农业领域,多旋翼无人机可用于农药喷洒、区域灌溉、农林植保、受灾定损等任务;在工业领域,多旋翼无人机可用于电力巡检、核辐射勘测、环境监测、遥感测绘等任务;在军用领域,多旋翼无人机可用于敌情侦查、电子干扰等任务[15]。

四旋翼无人机是多旋翼无人机中的主流机型,主要包括机体结构、动力系统、飞行控制系统、通信系统等。其中,动力系统是四旋翼无人机整个系统的执行机构,通常由无刷直流电机、电子调速器、动力电池和螺旋桨组成。动力系统按照飞行控制系统输出的指令驱动四个带螺旋桨的电机，进而实现对四旋翼无人机轨迹和飞行姿态的控制。

图 6.42 所示为一种四旋翼无人机结构简图。图中，ω_1、ω_2、ω_3、ω_4 分别为四个无刷直流电机 M1、M2、M3、M4 的角速度，F_1、F_2、F_3、F_4 分别为四个无刷直流电机旋转产生的升力；x_E、y_E、z_E 代表惯性坐标系；x_B、y_B、z_B 代表机体坐标系。可以看到，每个机臂上均配有一个电机和螺旋桨，顶视顺时针旋转的电机 M1 和 M3 装反桨，顶视逆时针旋转的电机 M2 和 M4 装正桨，相邻螺旋桨的转向相反，以抵消螺旋桨旋转而产生的自旋力，保证四旋翼机体稳定。

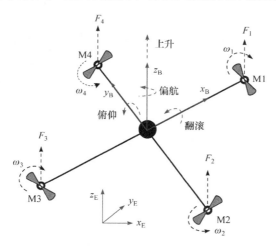

图 6.42　四旋翼无人机结构简图

当四旋翼无人机在飞行状态时，通过控制四个无刷直流电机的转速，可以实现绕 x_B 轴旋转的翻滚运动、绕 y_B 轴旋转的俯仰运动、绕 z_B 轴旋转的偏航运动和沿 z_B 轴移动的垂直升降运动和悬停运动等，继而实现飞行器姿态的调整和给定轨迹的跟踪。下面对四旋翼无人机五种基本飞行运动分别进行介绍[16]。

(1) 悬停运动。四个无刷直流电机保持相同的转速，螺旋桨所产生的总升力平衡四旋翼无人机的自身重力。

(2) 垂直升降运动。四个无刷直流电机同时增加相同数值的转速时，螺旋桨产生的总拉力足以克服机身重力，无人机便垂直上升；反之，四个电机同时减小相同数值的转速时，无人机则垂直下降，实现沿 z_B 轴的垂直运动。

(3) 俯仰运动。电机 M1 的转速增加，电机 M3 的转速减小相同数值，电机 M2 和 M4 的转速保持不变时，产生的不平衡力矩使机身绕 y_B 轴旋转。同理，当电机 M1 的转速减小，电机 M3 的转速增加时，机身便绕 y_B 轴向另一个方向旋转，实现无人机俯仰运动。

(4) 翻滚运动。电机 M2 的转速增加，电机 M4 的转速减小相同数值，电机 M1 和 M3 的转速保持不变时，产生的不平衡力矩使机身绕 x_B 轴旋转。同理，当电机 M2 的转速减小，电机 M4 的转速增加时，机身便绕 x_B 轴向另一个方向旋转，实现无人机翻滚运动。

(5) 偏航运动。电机 M1 和 M3 的转速同时增加，电机 M2 和 M4 的转速同时减小相同数值时，机身绕 z_B 轴逆时针转动。同理，电机 M1 和 M3 的转速同时减小，电机 M2 和 M4 的转速同时增加相同数值时，机身绕 z_B 轴顺时针转动，实现无人机偏航运动。

表 6.1 所示为四旋翼无人机基本飞行运动与电机转速之间的关系。

表 6.1　四旋翼无人机基本飞行运动与电机转速之间的关系

运动类型	M1 转速	M2 转速	M3 转速	M4 转速
升(降)	增加(减小)	增加(减小)	增加(减小)	增加(减小)
俯仰	增加(减小)	不变	减小(增加)	不变
翻滚	不变	增加(减小)	不变	减小(增加)
偏航	增加(减小)	减小(增加)	增加(减小)	减小(增加)

2. 四旋翼无人机电机系统的技术要求

作为四旋翼无人机的执行部件，无刷直流电机系统性能直接影响整机性能的优劣。为了保证四旋翼无人机在空中能够稳定、持续、可控地安全飞行，电机系统应满足以下几方面的技术要求。

(1) 四旋翼无人机在进行飞行轨迹(如起飞、悬停、降落等)或复杂的飞行姿态(如翻滚、俯仰、偏航等)变更时，电机系统需要迅速响应上层控制器生成的转速指令，带动螺旋桨产生所需的力和力矩。为了满足电机转速快速、准确变化的需求，应该设计高动态、高精度的转速控制器。此外，考虑四旋翼无人机复杂的工作环境，控制器还应具备较强的鲁棒性和抗扰动能力。

(2) 为了提升电机系统在恶劣环境下的运行可靠性和环境适应性，应该采用无位置传感器控制技术获得准确的转子位置信号，克服位置传感器在结构与安装、抗电磁干扰、环境适应性等多个方面存在的不足。

(3) 航时限制的突破对四旋翼无人机的推广应用至关重要。为了减小系统能耗、延长续航，在满足使用需求的情况下应尽量减轻电机系统本身重量，提升四旋翼无人机的有效负荷量。同时，应尽可能降低电机、变流器等关键部件的能耗，提高整个驱动系统的工作效率。

3. 四旋翼无人机控制系统

如图 6.43 所示，整个控制系统主要包括传感器测量模块、飞行控制模块、电动执行模块及数据传输模块等。其中，传感器测量模块包括惯性测量单元(由加速度计、陀螺仪、磁航向计等组成)、气压计、超声波传感器等，可将四旋翼无人机在机体坐标系的线加速度、角加速度和在惯性坐标系的位置、距地高度等信息实时反馈至飞行控制模块。飞行控制模块主要包括位姿参考系统及主处理器，其中位姿参考系统利用各种传感器检测四旋翼无人机的飞行状态，为飞行控制器提供控制所需要的姿态、姿态角速度、位置及速度等反馈信息。主处理器将用户系统的输入信号和位姿参考系统提供的反馈信息通过飞行控制算法进行计算，计算完成后将得到的转速控制指令输出给电动执行模块。电动执行模块主要包括电机控制器、逆变器和无刷直流电机，其中电机控制器通常执行转速-电流双闭环控制算法，根据飞行控制模块输出的转速指令和实际反馈转速，动态调节 PWM 信号的占空比来改变逆变器的输出电压，实现无刷直流电机给定转速跟踪控制，继而完成期望的姿态调整和位置跟随。数据传输和储存模块主要进行地面站、遥控器和主处理器之间的信息交互和数据处理、存储工作。

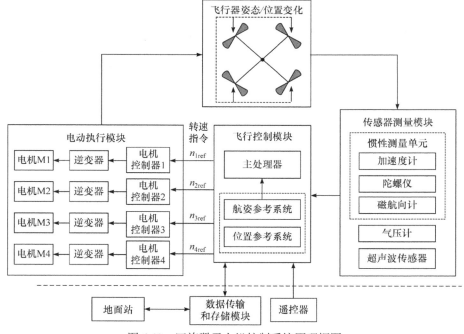

图 6.43　四旋翼无人机控制系统原理框图

参 考 文 献

[1] 高远, 陈桥梁. 碳化硅功率器件: 特性、测试和应用技术[M]. 北京: 机械工业出版社, 2021.

[2] 刘博, 刘伟志, 董侃, 等. 基于全碳化硅功率组件的变流器母排杂散电感解析计算方法[J]. 电工技术学报, 2021, 36(10): 2105-2114.

[3] ROHM Corporation Limited. Snubber circuit design methods[EB/OL]. https://fscdn.rohm.com/en/ products/databook/applinote/discrete/sic/mosfet/sic-mos_snubber_circuit_design_an-e.pdf[2022-04-25].

[4] ROHM Corporation Limited. SiC Power Devices and Modules[EB/OL]. https://www.rohm.com/ documents/11303/2861707/sic_app-note.pdf[2022-06-20].

[5] ROHM Corporation Limited. BM6101FV-C: Power Management[EB/OL]. https://www.micro-semiconductor. com/datasheet/a0-BM6101FV-CE2.pdf[2021-12-20].

[6] Texas Instruments Incorporated. TMS320F2823x Digital Signal Controllers[EB/OL]. https://www. ti.com.cn/product/cn/TMS320F28335[2021-02-25].

[7] Altera Corporation. EP1C6Q240C8-Cyclone FPGA Family[EB/OL]. https://pdf1.alldatasheet. com/datasheet-pdf/view/131597/ALTERA/EP1C6Q240C8.html[2022-03-19].

[8] 田洋. 基于小波网络的永磁无刷直流电机无位置传感器控制[D]. 天津: 天津大学, 2007.

[9] 李正军. 基于自抗扰控制器的无刷直流电机控制[D]. 天津: 天津大学, 2004.

[10] 夏志慧. 变频空调压缩机控制系统的研究[D]. 哈尔滨: 哈尔滨工业大学, 2007.

[11] 刘时珍. 变频空调压缩机矢量控制系统的研究[D]. 长春: 吉林大学, 2009.

[12] 夏长亮, 史婷娜, 文德, 等. 汽车空调用非桥式无刷直流电机仿真研究[J]. 微电机, 2001, 34(3): 7-9.

[13] 陈清泉, 孙立清. 电动汽车的现状和发展趋势[J]. 科技导报, 2005, 23(4): 5.

[14] 潘文杰. 基于驱动扭矩分配的四轮驱动电动车四驱控制研究[D]. 长沙: 湖南大学, 2020.

[15] 赵梦圆, 夏长亮, 曹彦飞, 等. 一种基于显式模型预测的四旋翼多电机转速协同控制方法[P]. 中国, 202110358527, 2022.

[16] 彭程, 白越, 田彦涛. 多旋翼无人机系统与应用[M]. 北京: 化学工业出版社, 2020.